重要事，明天做

凝聚時間、能量與創意的人生管理原則

MARK FORSTER
馬克·佛斯特——著　曾琳之——譯

給露西

致謝

我要感謝我的教練客戶，以及所有參加過我舉辦的相關主題研討會的人，感謝他們給予的大量回饋，他們提出的艱難問題尤其讓我獲益良多。

我還要感謝我的妻子露西、我的教練瑞秋・普來爾，以及我的思考夥伴，凱蒂・羅蘭與納杰什達・赫本斯特賴特，感謝他們所提供的支持、幫助與點子。

目錄
Contents

快速上手指南：明天再做的祕訣

1. 將所有落後的工作都放入積壓事項的資料夾（電子郵件、文件等等），然後把它放到你看不到的地方。

2. 把當天所有新增的工作都收集起來，在第二天整批一起處理。把類似的活動（如電子郵件、文件、電話和任務）集結在一起。目標是每天都做完這些工作。

3. 如果有些事情太緊急而無法留到隔天再做，請將它們寫在一份單獨的清單中，並在一天當中方便的時間處理。即使是最簡單的行動，也不要不寫下來就採取行動。

4. 每天的第一件事，就是花一些時間清理積壓事項資料夾的內容。當你最終清完它們後，請找其他你想要整理的事情，然後就把這當成你每天第一件要做的事情。

遵循這套簡單的流程，到了明天，你就可以完全掌握新增的工作，並且也將順利清掉積壓的工作。

本書將提供更多關於如何執行這套方法的說明，但這套方法基本上就由這四個步驟組成。

第 1 章
時間管理的典型困境

抱怨時間不夠，
就像是海裡的魚在抱怨四周的水不夠一樣。

這本書的目的，是幫助你的生活變得百分之百有創造力、有秩序且高效率。

在前兩本書中，我探討了如何用一些非比尋常的方法，來管理工作與掌控時間。在《搞定所有工作，還有時間玩樂》（*Get Everything Done and Still Have Time to Play*）這本書裡，我除了探討傳統時間管理方法的問題，還測試了一些效果更好的替代方案。而在《如何實現你的夢想》（*How to Make Your Dreams Come True*）一書中，我則試圖跳脫時間管理的整體概念，轉而探討如何化目標為動力，讓目標推動我們向前邁進。

我的這兩本書，都獲得廣大的熱烈迴響。但無可避免的是，這些概念對整個社會帶來的影響依然微乎其微。現代生活的問題和壓力仍然存在，真要說有什麼不同，那就是我們在工作中承受的壓力越來越沉重了。前幾天我剛收到一位記者的提問，他正在撰寫一篇跟時間管理有關的文章。這些問題非常典型，也是我經常反覆被問的：

- 我總是匆匆忙忙的。該如何停下腳步？
- 我吃飯總是吃得很趕。該如何放慢速度？
- 我總是得同時處理好幾件事。該如何才能更專注？
- 沒能花更多時間陪伴家人，讓我很有罪惡感。該如何改善這個狀況？

- 我一直抽不出時間去運動。該如何挪出時間？
- 我該如何擠出休假的時間？我真的太忙了。

這些都是很常見的問題。那位記者之所以這麼問我，是因為他認為大眾會對答案感興趣，但這些問題同時也是他自己亟需解答的。

這些問題在在都指出，我們的時間總是不夠用。但這是真的嗎？我們的時間真的不夠用？不，實際上並非如此。時間是媒介，而人類存在於其中。我們抱怨時間不夠，就像海裡的魚抱怨水不夠一樣。往後當你又抱怨「一天如果可以再多幾個小時就好了」時，可以短暫想像一下，如果一天的時間變成兩倍，擁有四十八小時，生活會變得如何。你真的就能掌控好工作進度嗎？不太可能！你極大機率還是會像以前一樣拖延。

這位記者認為有必要向我提出這些問題，對我而言意義重大。這些問題，聽起來正好跟我們常常給自己、朋友或是家人的建議相反。而事實上，他的問題很容易就能改寫成簡單的生活原則：

- 不要趕。

- 花點時間好好吃飯。
- 一次專心做一件事。
- 為家人保留充裕的時間。
- 適當運動。
- 定期讓自己休假。

想必這位記者和他的讀者，只需要下定決心遵守這些生活原則就好了，不是嗎？

話雖如此，但人生往往沒這麼簡單。我們決定要做的事，和我們實際去做的經常是兩回事。回想一下你過去一年做過的決定，其中有幾項是圓滿達成，或正順利往目標推進的呢？如果你跟大多數的人差不多，那我相信你應該已經就某些決定採取了行動。但我也很確信，你的決定絕大部分都會半途而廢。

因此，像「花時間好好吃飯」這麼簡單的決定，實際上卻非常難以執行。新的生活習慣可能可以持續個幾天或幾週，但工作的壓力很快就會讓我們不得不破例。不用幾天，所謂偶一為之的破例就會變成新的日常，然後又回到了原點。無論怎麼合理化自己無法堅持執行的理由，內心深處我們都清楚，該怪罪的並不是這些外在的情況或條件。

我們會暗自承認，自己似乎缺乏某些能力，才會無法貫徹執行先前的決定。

其實說白了，叫別人做我們希望他們做的事，有時候還比讓**自己**完成想做的事來得更容易。我們喜歡把自己想像成在體內控制著身體的獨立個體，但如果檢視自己大多數時候的行為舉止，就會發現情況並非如此。身體大部分的時候都是自動駕駛，我們不過是幻想自己能夠控制罷了。沒錯——那就只是幻想而已。

想知道人控制自己的能力有多薄弱？大部分人只需要照照鏡子就好。你不妨現在就試試。看著鏡中的自己，同時問：

- 我的健康，是我理想中的狀態嗎？
- 我的體態，是我想要的體態嗎？
- 我的體重，有維持在我希望的數字嗎？
- 我的穿著打扮，是我喜歡的風格嗎？

這裡的問題，並不是為了讓你評判與生俱來的身體，而是要你思考自己對身體的管理如何，以及是否有讓身體維持在良好的狀態。

也許你很健康，身材精實，並且穿著入時。如果是這樣，那麼可以回頭看看你的辦公室或是工作環境：

- 東西是否如你期望的井然有序？
- 環境是否如你期望的乾淨整潔？
- 各種辦公系統（檔案管理、發票、收發等等），是否都按照你希望的方式運作？

如果答案都是肯定的，那麼你也許沒必要繼續讀下去了。

我剛剛請你檢視的，是直接由你控制的兩個生活領域，且這兩個領域幾乎不會受到外在因素的影響。如果這些完全由你主導的事物都沒能如你所願，那你又憑什麼認為自己能掌控一切呢？

我們碰到的這類難題，很多都是因為大腦天生的結構而導致的。我們會有錯覺，覺得自己是依循「統一」的模式採取行動的單一個體。但是只要稍微看看鏡中的自己（以及如前面所述，檢視一下自己的行動），就會意識到事實根本不是這樣。我們的大腦由許多不同的部分組成，它們各司其職，而且通常目標各異。

在此，我要採用一種極為簡化的說法，那就是我們同時擁有一個理性腦和一個反應腦。這並不是非常科學的描述，不過以這種方式來說明兩個不同的腦，有助於達成我們管理時間的實際目的。首先，這可以幫助我們理解，為何人會每每下定決心，卻又難以貫徹始終。

你可以把理性腦想像成一個政府部門，忙著制定要在身體其他部位施行的計畫與規範。這個政府部門有著關於拓展生意、家庭福祉、運動、健康飲食等各種方面的構想，這邊還只是列出其中一些而已。就如同大部分的政府部門一樣，這些計畫在面對現實之前都很完美。

就大腦內部的運作方式來說，理性腦的計畫所要面對的現實，就是反應腦。你可以把反應腦想像成一隻大太陽下趴在岩石上的蜥蜴。只要一發現威脅，例如出現掠食者，牠就會快速鑽到岩石下方，然後靜止不動。而看到一隻肥美的蟲子不小心飛得太近時，牠則會瞬間把蟲子吃了。這並不需要經過思考，就像是預先設定好的反應。牠也不太在意理性腦的種種計畫，只在乎這些計畫對牠而言究竟是威脅，還是肥美的蟲子。

這部分的大腦，對於我們的生存極為重要。你能想像，如果開車時有個小孩突然衝出來，而你還在用理性的方式思考怎樣才不會撞到他嗎？碰到這類急迫的威脅時，我們會需要快速做出反應。這是生存的根本。

不過，一旦涉及做決定與規劃，就該運用理性腦了。如果完全依賴反應腦來度過日常生活，我們的工作就會變成不斷針對一個又一個的刺激做出反應。不過仔細一想，這確實很貼切地道出了許多人度過每一天的方式。這些人不斷在處理需要滅火的狀況，忙完一件事又趕著做另一件事，更無法長時間集中注意力、把事情思考透徹。要好好掌控工作，反應腦並不是理想的主宰。

當我們的理性腦與反應腦發生衝突時，反應腦永遠都會勝出，因為它更強勢。我們可以擬定每天運動的計畫，但是總會碰到某個天氣太冷或是雨下得太大的日子。這時，反應腦就會將此視為某種威脅，然後我們的理性計畫就會被丟進垃圾桶。又或是我們決定實行一套飲食計畫，並且理性地決定了哪些食物可以吃、哪些不能吃，但當眼前出現一塊巧克力蛋糕，我們的反應腦就管不了理性腦是怎麼想的了——蛋糕就相當於肥美的蟲子，當然是立刻吞了！

讀到這裡，你可能開始好奇，其他人都是如何成功維持體態、減重，或是執行任何理性的計畫呢？顯然有些人就是做得到，所以反應腦也不全然都能隨心所欲。它之所以無法一直隨心所欲，是因為理性腦有一項超越反應腦的強大優勢——擁有反應腦沒有的智慧。

這代表理性腦可以找出策略來控制反應腦，就如同政府會設置一整套督察、警察、法院、填寫表單、官員等等的系統，來確保計畫得以施行。如果沒有這套系統結構，沒人會把政府說的任何話當一回事。

一項計畫之所以成功，很少是取決於「意志力」，而通常更關乎於是否建立了良好的系統結構來幫助計畫施行。你的計畫會需要心理與身體結構來輔助，就類似政府的管控結構。如同若是少了整體的結構，就沒有人會去理會政府，如果少了控制反應腦的結構，你的反應腦也同樣不會理會理性腦的計畫。

要建立這類結構，有很多種方法。我在本書中會探討其中一部分，但實際上，方法有無限的可能。重點在於，這些方法要能夠讓你更容易做正確的事，而不是錯誤的事。對你來說，填報稅表會比不填更輕鬆嗎？在一般的情況下，不填報稅表顯然會是比較容易的選項。但是我們的政府已經建立了一套結構，無論你喜不喜歡，這套結構都讓不填報稅表這件事變得無比困難。所以長遠來看，乖乖填報稅表還是比較容易，而無論有多不情願，我們每個人最終還是會照著政府的規則去做。

理性腦需要控制的反應腦關鍵領域，是抗拒與拖延的領域。抗拒執行某個任務事項，極有可能是因為反應腦將這項任務視為威脅。理性腦當然可以費盡唇舌去說服反應腦認同完成某項任務的重要性，但只要反應腦把這項任務當作威脅，它就會繼續牢牢踩著煞車。

理性腦在這時必須巧妙地說服反應腦，讓它相信威脅並不存在。最簡單的方法，就是假裝自己並沒有要執行這項任務。請記得，反應腦並不聰明，因此也不具備可以釐清理性腦策略的能力。

像是「我現在不是真的要寫那份報告，只是先把文件拿出來」這樣的一句話，就可以讓反應腦解除抗拒。「把文件拿出來」這個動作本身並不會被認定成威脅，因此反應腦沒有理由繼續保持抗拒，而最終的結果往往是我們就這樣把整份報告寫完了。

這只是其中一種利用理性腦的力量制定策略、控制反應腦的方式。我們的目標並不是要擺脫反應腦，而是要確保大腦的這兩個部分能共同合作，而非互相對抗。在前述的這個例子中，我們一開始面臨了衝突：理性腦打算要寫報告，但是反應腦將寫報告視為威脅而抗拒去做。抗拒一解除，理性腦與反應腦就能夠自由地合作撰寫報告了。

如果能做到這點，也就是讓反應腦隨時都能配合理性腦的計畫，就能夠比現今的大多數人更堅持執行自己的決定。對我們來說，理想的順序會是「思考—決定—行動」。這表示我們的理性腦正控制著大腦的其他部分，來產出期望的成果。

這也代表，我們能夠依據達成目標的最理想方案來規劃每一天，然後在生活中盡可能直接且有效率地採取相應的行動。當然，有些人已經可以做到這一點，假如你也是其中一份子，那真的沒必要繼續讀這本書了。

不幸的是，大多數人的理性腦並不知道控制反應腦的最佳方法。我們因此往往只能仰賴意志這一項因素，而這永遠都不會有效果，因為前面所述的理想順序，會被另一種更強大也更原始的順序——「刺激－反應」取代。如果缺乏正確的結構來加以控制，「刺激－反應」往往會戰勝「思考－決定－行動」。

不了解正確的結構，就意味著只能任由生活中隨機出現的刺激擺布。儘管我們做了許多非常理性的決定，但凡有一、兩件小事情出錯，精心計劃的一天就會變得只剩混亂。我們會像隻無頭蒼蠅，在這天之中都只能對隨機發生的事件作出反應。只要一通電話、一場危機或一個預期之外的要求，就會讓原本的計畫搖搖欲墜；若再多出現幾個隨機事件，我們的計畫會像骨牌一樣潰堤。難怪有那麼多人都放棄規劃自己的一天。

關於這種情況是怎麼發生的，我的第一本書《完成所有工作，還有時間玩樂》裡有個很好的例子。在書中，我提供了一項初步練習，目的是讓讀者能利用這個簡單的方法來強化心理素質。結果事實證明，對絕大部分嘗試過的人來說，這項練習都太困難了。我確信世界上一定有人可以成功完成，但不得不說——我還沒碰過任何一個連續好幾天成功的人！

這項練習本身並不複雜。如果你也想試試看，只需要選一項「明天一定要完成」的任務，然後成功執行它。

如果你成功執行，隔天就再安排另一項不同的任務，並且稍微提升一些難度。接著就這樣堅持下去，每天選擇一項任務來完成，但每一天的難度都增加一點。當你有信心無論任務多困難，都可以成功執行，就改為每天執行兩項任務，然後重複這個過程。

無論這些任務的內容是很有意義還是很荒謬，都不是重點。這項練習的概念就在於：你之所以執行這些任務，是因為你**已經決定**要執行它們了。

儘管這乍聽之下很單純也很容易，執行起來卻極其困難。即使某個人剛開始練習時，在第一天設定了一項真的非常簡單的任務（例如把一枚迴紋針從桌上的某處移動到桌上的另一處），並且盡可能每天設定最小的進步幅度，要維持長時間地持續進步，仍然是不可能的任務。原因在於，人遲早會碰上一堵難度的高牆，此時我們會積極抗拒任何完成任務所需的行動。實際上，這也是我們在判斷執行某項行動的難度時，普遍會使用的思考方式——用自己抗拒的程度作為判斷基準，而不是行動所需的技能或專業技術。這就是為什麼許多人會認為報稅非常困難，即便報稅根本不需要任何真正的技能。

同一本書中也提供了另一種練習的方法，那就是「優先完成自己最抗拒的事」。而我發現這種方法也有問題，因為通常只會出現兩種狀況：要不就是大腦在一段時間後開始反抗，並拒絕再做原本就抗拒的任務；要不就是人會自我說服，認定自己之所以抗拒，只是因為那些任務太簡單又瑣碎至極。

我的第二本書《如何實現你的夢想》，則是從截然不同的角度探討時間管理這個主題。這本書不談推動工作進展的結構性系統，而是探討如何讓目標吸引自己向前邁進。我在書中建議讀者，要有明確的願景、進行對話，並把注意力集中在進展順利的事情上。雖然這些方法頗有成效，讀者卻還是容易產生這樣的想法：即使不按照建議做好那些結構性的工作，還是可以實現目標。結果他們往往都是隨波逐流，而不是有目的地朝目標前進。

幾年前出版的這兩本書，帶領我走上了一條不停舉辦研討會，並持續與個案合作的道路。我發展出許多新觀點，對於影響人們的某些問題也有了更深的認識。因此，我才能以前兩本書為基礎提出更進階的方法，這也是我將在本書和大家分享的內容。

在下一章中，我將探討建構全新時間管理系統的幾項原則。我發現，自我管理的核心存在著一些基本原則，它們構成了我接下來將提出的內容的基礎。本書中提出的每一種技巧，都體現了其中某一項或某幾項原則。這些原則如下：

- 清晰的願景
- 一次做一件事
- 少量而頻繁
- 界定限制
- 封閉式清單
- 減少隨機因素
- 承諾 vs. 興趣

測驗

以下哪些情境是「思考—決定—行動」的例子，哪些又是「刺激—反應」的例子？

1. 你在外面跟客戶開完會後回到辦公室，檢查了一下電子郵件，看看自己不在的時候有哪些來信。你回覆了一些比較急的，以及一些只需要簡單回覆一、兩句話的，然後把剩下的郵件留待之後處理。
2. 某位客戶打電話給你，請你幫忙收集一些資訊，你答應她會立即回覆。
3. 你是鞋店的店員，正接待一位想試穿幾雙鞋的顧客。
4. 某個朋友寄給你一封電子郵件，和你分享一個很棒的新網站。你點擊網站連結，然後開始瀏覽。
5. 你的助理把幾封需要你簽署的信拿進你的辦公室，你馬上就簽好這些信，讓助理可以去郵局寄出。
6. 你的老闆丟給你一堆工作，並要求在下班前交給她。你有點驚慌，因為原本的工作量就已經很難負荷了。

7. 你是消防員。接到一通緊急事故通報的電話後，你的小組立即展開行動。

8. 你在假期結束後打開電腦，發現收件匣裡躺著八百封新郵件。你花了好幾個小時，才把收件匣內的郵件處理完。

☑ 答案

1. 這是典型的「刺激—反應」。你優先回覆引起你注意的郵件，然後把其他的郵件先擱置，打算等之後某個不確定的時間再處理。這個方法會讓你累積一堆未處理的郵件。

2. 「刺激—反應」。你為了幫客戶搜尋資訊，打斷了原本正在處理的某件事。客戶並沒有提到這件事是否真的緊急。

3. 「思考—決定—行動」。開設商店就是為了即時回應顧客的需求，這是規劃與組織好的事情，並不是反應性的行動。

4.「刺激—反應」。你完全沒理由立刻瀏覽這個網站，除非你是想逃避某些工作，那當然就另當別論了！

5.「思考—決定—行動」。你大概已經先和祕書說好，請他在一天的某個特定時段把信件拿來給你簽名。這是事先規劃與組織好的事情。

6.你和你的老闆都是以「刺激—反應」的模式在行動。你的老闆可能已經看著這些工作堆在她桌上好幾週了，於是她開始慌亂。而你也同樣驚慌失措，無法理性地規劃該如何處理這些額外的工作。

7.「思考—決定—行動」。之所以設計消防員的服務機制，就是為了以有計畫、系統性的方式應對緊急事故。

8.「思考—決定—行動」。這與問題1的情況形成了對比。這是為了清理**所有的**電子郵件而經過計劃的決策，並不是隨意查看。

第 2 章

創造時間的原則

所謂清晰的願景，
既是指你該做什麼，
也是指你不該做什麼。

- 清晰的願景
- 一次做一件事
- 少量而頻繁
- 界定限制
- 封閉式清單
- 減少隨機因素
- 承諾 vs. 興趣
- 我們需要的是什麼？

原則一：清晰的願景

我的第一個原則，是清晰的願景。當然，強調願景的重要性並不是什麼新鮮的觀點，幾乎每一本自助或商管書籍都會提到這一點。現今的每個人都有自己的願景，事實上，「願景聲明」（vision statement）在商界幾乎已是陳腔濫調。但更陳腔濫調的是，大部分公司的願景聲明都非常空洞，而我認為大多數人的願景聲明也是如此。很多人和組織都有願景，但有多少人和組織擁有**清晰的**願景？

願景的目的，是讓方向變得清晰、聚焦。如果沒辦法達成這個目的，那這個願景比毫無用處還糟糕。像「我們致力於成為這個產業的市場領導者」這種願景聲明，真的能為公司釐清方向嗎？萬一其他競爭對手的願景聲明也都一模一樣，該怎麼辦？除非這個企業的目標是要打造出盡可能宏大的事業帝國，不然誰是市場領導者，到底有什麼重要的？而如果目標真是如此，直接誠實講出來可能還比較好。不過，我很懷疑股東是否會接受「我們計劃打造出盡可能宏大的事業帝國」這種說法。話雖如此，我們也都無法否認，這似乎就是許多公司在現實中致力實現的目標。

由此可見，如果沒有精心設定願景，所謂的願景聲明不只無法指出清楚的方向，反而可能變成讓人看不清前方的煙霧彈。我們應該時時問自己：「我／我們想達成的究竟是什麼？」無論你是打算坐下來寫一封投訴信，還是要為一筆價值數百萬英鎊的投資制定策略，都必須問自己這個問題——更別說是設定願景了。

願景越清楚，你就越有可能順利達成。願景應該要讓你可以把心力精準聚焦在重點上，而不是讓一切如同被柔焦效果籠罩般一團模糊。這代表在制定願景時，要盡可能嚴格定義它。

清晰的願景不僅關乎你要做什麼，還關乎你不做什麼。它必須為你的行動建立限制。當你在餐廳向服務生點餐時，同時就是在對菜單上的其他每道餐點說「不」。同樣道理，當你決定要採取某些行動時，你不只是選擇這條路，還同時拒絕了其他選項。

◆練習

別寫明天工作需處理的待辦事項，來試試寫下你**不會去做**的事項清單吧。以下是一些範例：

- 我不在上午十一點前接電話。
- 我不在午休時間工作。
- 我不在晚上六點後工作。
- 除了專案X之外，我不做其他的工作。
- 我花在電子郵件上的時間不會超過半小時。
- 在做完行動清單上面的事情之前，我不做其他的事情。

很多時間管理問題之所以會發生，都是因為我們沒有為工作建立適當的限制。如果我們試圖在一天中完成每一件潛在的任務，這一天勢必會過得既瑣碎又失焦。就如同前面的比喻，在工作時，我們也必須挑選吃得了的餐點，別讓自己消化不良。

原則二：一次做一件事

循著第一項原則「清晰的願景」的邏輯，就引出了我的第二項原則：一次做一件事。最糟糕的情況，就是把心力和注意力分散給太多的事。你必須為當前的工作設定適當的限制，而最需要建立的限制，就是在任何時候都只專心做一件事。

在上一節中，我提到在餐廳點餐，其實等於對菜單上的其他所有餐點說「不」——除了你當下想吃的那一道。在餐廳做到這點，對我們來說都不是難事，因為我們知道自己的身體只吃得下一道主菜，而且再怎麼說，每一道菜都吃的花費也太昂貴了。但每當要從生活這份「菜單」中挑選要完成的「餐點」時，我們似乎總是忍不住大口塞入遠超過能力範圍的份量。就像俗話說的，我們總是「心有餘而力不足」。正如我們無法在一餐中吃下太多的食物，我們實際上也無法完成所有攬在身上的事情。而且同樣地，這麼做很可能需要付出極高的代價。

一次只處理一件事，先把這件事情做好，再處理下一件事——成功的人做事方式向來如此。這無關你如何定義成功。我們往往會認為，失敗的人之所以失敗，都是因為他們整天遊手好閒、無所事事，但原因通常完全相反：是他們承攬了太多的事。他們同時進行各種厲害的專案，卻沒有任何一個能真正完成。

當然，沒有任何人的生活簡單到能把其他一切都排除在外，只專心做一件事就好。生活中會有每天或每週都需要完成的例行事項。這些例行事項需要有個完善的系統來加以控管，讓它們可以成為你主要工作的助力，而不是阻礙。如果可以利用簡單且有效的系統妥善處理日常事務，你的創造力和想像力就能精準運用在需要的地方，而不會被分散殆盡。

這本書其餘的大部分內容，都在探討如何善用這項原則，以系統化的方式集中注意力、完成一天的工作。現在，你可能會想嘗試看看下列的練習，親自體驗一次只做一件事的力量。

◆練習

拿一張紙，列出你預計某一天要做，卻一直延宕的事。這份清單的範圍可以包含工作和私生活領域，但不要納入任何有特定截止日期的事。理想中，這份清單列出的應該是那些「如果你沒有下定決心，就絕對無法完成」的事。

請從這份清單中，選出一項你預計先做的事情。剛開始練習時，你可能會想從比較小的事情著手。

決定好要做的事情後，你還需要具備兩個決心。第一，決心專注在這件事上，直到完成為止；第二，決心在第一件事完成之前，絕不碰清單上的任何其他事項。

這個練習可以重複進行多次。最終你可能會發現，自己已經成功完成了好幾件事！

原則三：少量而頻繁

我的下一個原則是，人的大腦在少量而頻繁地執行某件事時，能夠發揮最佳的效率。這個原則在教育和訓練的領域廣為人知，但同樣適用於工作。

如果你需要寫一份報告或是完成一項專案，最好的方法是少量而頻繁地進行，而不是偶爾幾次的爆發趕進度。

如果你是想學某種樂器或外語，這個原則也同樣適用。假如你一週上一次課，老師通常會告訴你，不要等到下次上課的前一晚才寫作業，而應該每天都寫一點。

這個原則除了適用於大腦，也同樣適用於人的身體。想要體態變得精實的話，最好的方法就是每次少量，但頻繁地運動。如果你好幾週都不運動，然後一次進行非常大量的運動，很可能會對自己造成傷害。

我們的大腦偏好這種工作方式，因為這樣才有時間可以消化、連結，並產生新的觀點。你可能也曾注意到，如果把一些工作留待隔天處理，當你再回到這些工作上時，工作似乎又有了一些進展。你可能會有新的體悟，或發現之前覺得困難的部分，現在變得容易許多。

另一個例子是寫作，寫文章、報告，甚至寫書都包含在內。許多人在對付這類型的任務時，總是試圖一氣呵成，而這種做法有幾個缺點：任務的規模讓人望而生畏，很容易產生強烈的抗拒感。此外，並沒有留給大腦足夠的時間，去好好發想正在撰寫的內容。

在過去，我們面對這類工作並沒有太多選擇，因為無論是重複用打字機撰寫草稿，或更糟糕的——把所有內容手寫好幾次，都會花費掉我們太多時間。如今我們有許多文字處理工具，只要善用，就能讓生活變得更輕鬆。現在，要擬出一連串的快速草稿，並在每版草稿中增補或精鍊內容，實在非常簡單。

剛開始學習用一連串快速草稿的方式寫作時，我的第一版草稿通常只有幾個隨手記下的詞。我會在第二版草稿中再增添一些內容，然後不斷修訂，直到變成我想要的形式。用這種方式寫作，有兩大優點。第一，這讓我擺脫了第一次就得正確到位的完美主義心態。就算我覺得某一句話有點不順，那又有什麼關係呢？反正很快就會有新一版的草稿了。第二，透過這種方式處理內容素材，能讓新的想法與觀點有機會浮現。

接下來，我將分享本書前兩章的初稿作為範例。你可以看到，初稿的內容只有幾個零星的想法，而且順序也沒什麼邏輯。寫這份草稿只花了我幾分鐘的時間。

- 之前的書
- 《完成所有工作，還有時間玩樂》

- 《如何實現你的夢想》
- 初步練習
- 太困難了
- 抗拒的原則
- 基本原則
- 一次做一件事
- 少量而頻繁
- 限制
- 封閉式清單
- 降低隨機性

我接著寫了第二份草稿，這次多花了點時間，但並沒有比寫初稿時多很多。你可以看到，我開始在內容中填入更多構想和思考。

- 前面的書寫成後，至今過了一段時間

- 人們讓自己承受的壓力並沒有太大的改變
- 工作壓力
- 缺乏平衡
- 無法以我們期望的方式行動
- 大腦的組織方式
- 在理想世界中，做成的決定都會順利執行
- 我們的許多（大多數）決定從未實現。為什麼？
- 思考—決定—行動
- 我們心智的反應部分比理性部分更強勢
- 我在《完成所有工作，還有時間玩樂》中提出一項初步練習，結果事實證明它太困難了
- 目的是讓讀者建立心理韌性，卻反而反映出要依據決定去行動有多困難
- 沒有任何一個人成功做完這項練習！
- 抗拒的原則
- 總是會危害到成果—抗拒枝微末節的小事情

少量而頻繁

限制

封閉式清單

降低隨機性

- 限制

莎士比亞的十四行詩

便於聚焦

範例：生活的「菜單」、末端效應（end effect）、封閉式清單

- 封閉式清單

強大的工具

- 降低隨機性

規劃一天時主要會碰到的問題

任何可以降低隨機性的方法，都會造成很大的改變

隨機的事物是從哪來的？

威脅與享受（就像岩石上的蜥蜴）

經過五個版本的草稿後，我寫出了你現在正在閱讀的這個版本。如果拿這份大綱比對這本書最終的版本，就可以看出我在發展內容時的思考脈絡，以及這些構想在我寫作的同時如何蛻變。

原則四：界定限制

我們已經討論過，清晰的目標或願景會指出**要做**的事情，而且也同樣指出了我們**不做**的事。這驗證了人類偏好的另一種思維方式：在明確界定的限制範圍內，我們的創造力最能妥善發揮。儘管許多「創意思考」的教師都認為「不受限地思考」才是上策，但其實審慎地界定那些限制，反而最能發揮創造力。只要設定好明確的限制，要集中注意力就會容易許多。

很多探討創造力的文章和書籍，都鼓勵我們思考時要「跳脫框架」，擺脫所有思維上的限制。問題在於，這個建議幾乎完全錯誤。在「凡事皆有可能」且沒有任何限制的狀態下，創造力反而難以發揮，因為正是那些限制的存在，才促使創造力蓬勃發展。

只要提供一個明確聚焦的問題，大腦就會給出回應。如果我請你提出能夠改善汽車產業的創新想法，你能夠想到的大概都是些模糊的建議。但如果我要你想個辦法改良自己車子的方向盤，你絕對能提出幾個非常有用的構想。問題越是聚焦，我們在思考時就越能發揮創造力。

詩歌的押韻與格律是個很好的例子。請仔細看看以下這首詩，內容出自這世上堪稱最偉大的詩集——《莎士比亞十四行詩集》（*Shakespeare's Sonnets*）。

當我死時別再為我哀泣
鐘聲低沉響起，宣示我已離去
向世界宣告我已然逃離
逃離滿是骯髒蛆蟲的濁世而去
不，當你讀至此，請不要記起
寫下字句的手，因我對你這般深愛
願從你甜美的思緒中被抹棄
如果思及我，當使你悲痛難捱

噢！如果，我說，當你讀到這首詩
我或已回歸塵埃，於泥中逸散
請別再反覆唸起，我可憐的名氏
願你的愛，隨我之命一同消散
為免精明的世界看破悲傷
在我離去後譏笑你的情長

在寫這首詩時，莎士比亞選用了一種非常傳統的格式，不僅讓詩的格律與押韻結構固定，某種程度上也限制了詩探討的主題。但這有阻礙他的創作嗎？不，完全沒有。他反而去探究這種格式限制，造就了偉大的藝術之作。他還不只是成功寫出一首詩，而是成功寫出一百五十多首——而且每首都呈現出截然不同的效果！

這和日常生活中的我們又有什麼關聯呢？這個嘛，請思考一下你的生活。你是否在清楚定義的範圍內，朝著清晰的目標努力？又或者，你的生活和工作被許多定義不明、缺乏明確範圍限制的事項塞滿？哪一種生活方式，能讓你在生活中發揮更大的創造力？

如果你感覺到自己停滯不前，或是動力難以維持，極有可能是因為沒有界定明確的限制。解決之道就是縮小範圍，更精準地定義你的生活。你將會矛盾地發現：在狹窄的界限內，能夠享有更多的自由；而活在沒有焦點也沒有界限的「自由」假象中，終究會因為原地打轉而感到空虛。

建立限制可以提升大腦運作效率的另一個例子，就是時間限制。如果有一段明確的時間來完成任務，你就更有可能集中注意力處理工作。

想全神貫注地處理某項重要任務，你可以試著設定時間，以分段、限時的方式處理工作。你可以依據經驗，找出最適合自己或這項任務的時間長度，也許是每次工作一小時，也可能是每次二十分鐘。在剛開始執行某項自己高度抗拒的任務時，甚至可以將時間設定為一次五分鐘。你會發現，比起想做多久就做多久，知道自己會在特定時間點停止工作，反而更能專心。我會在第13章〈持續前進〉中，更深入探討分段、限時處理工作的方式。

利用限制的另一種方式，就是封閉式清單，也是我的下一項原則。

原則五：封閉式清單

所謂封閉式清單，指的是在下方畫上一條終止線，確保無法再新增任何內容或項目的清單。這樣的清單，與可以不斷新增項目的開放式清單形成了對比。而使用封閉式清單，會比使用開放式清單更容易完成工作。

原因有幾點。最重要的原因在於，把一份清單用終止線封閉，就能全力處理清單上的所有事項，而不會因為新增的工作而分心。這樣一來，清單就成為了區隔你與那些分散注意力的事物的一道緩衝。

封閉式清單的另一個重要特性是，一旦清單被封閉，就無法再增加任何項目。它只會維持同樣的份量，甚至減少份量。事實上，封閉式清單會自然而然地縮小，因為其中的某些項目可能會過時，也可能不再與你相關。

此外請留意，在你準備處理這整份清單的工作時，著手的先後順序並不重要。

我在本章結尾提供的練習2，就是一個封閉式清單的範例。你會用一份封閉式清單開啟一天的工作，完成清單上的項目，就能獲得那天的分數。如果你認真看待這個練習，可能就會意識到一件事：處理清單上列出來的工作，比處理其他工作更加容易。而如果你在完成清單上的工作之前，都沒有處理其他的工作，這樣的感受就會更強烈。這是因為你的其他工作都是開放式的，換言之，那些工作等同於一份開放式清單。

傳統的待辦清單，就是開放式清單最典型的例子。待辦清單之所以會變成開放式清單，是因為隨時都可以在清單上新增事項。這個特性會導致隨機的狀況更加嚴重，這部分我將在下一段討論。

封閉式清單的好例子，就是定期並批次處理電子郵件，而不是零散地處理一天中收到的郵件。如果你能在固定的時段批次處理電子郵件，就會發現：與其一天下來不斷被每封電子郵件干擾，一次完整處理整批電子郵件更快速，也更有效率。

封閉式清單的另一個例子是查核表（checklist）。當你把一項任務拆解成幾個細項，再列成一份查核表，這項任務就會變得更容易執行。請注意，把任務拆解成詳細的查核表，並不會讓你增加額外的工作量，事實上，這可能還有助於減少工作量。汽車技師在檢修一輛汽車時使用的檢查清單，就是這類查核表的好例子。

無論是批次處理工作或是查核表，封閉式清單都是一個強大的工具，這個概念有很多不同的運用方式。本書標題中的「明天做」，也是封閉式清單的其中一種應用。這是運用系統化方法來處理工作的主軸，也是本書的核心。

開放式清單	封閉式清單
可以增加新項目	不能增加任何新項目
內容會越變越多	內容會越來越少
處理順序很重要	處理順序並不重要
相對難清空	比較容易清空
讓人失去動力	能夠激發動力

如果想體驗封閉式清單相較於開放式清單的優勢，可以運用封閉式清單的原則來處理積壓的工作。對許多人來說，清理積壓的工作是相當棘手的事，因為不管他們多努力工作，清理的速度永遠趕不上新工作堆積的速度。問題在於，「積壓的工作」就是一份開放式清單，要解決問題，就得把清單封起來。想封閉清單，你可以利用以下的步驟：

步驟１：將「積壓工作」獨立區分

你需要把積壓的工作從眼前挪開，讓自己別再看到它們。如果是積壓了許多未處理的電子郵件，可以新增一個名為「積壓郵件」的資料夾，然後把收件匣的所有郵件全都移到這個資料夾內。收件匣瞬間就清空了，這多棒啊！

如果你積壓的是文件，那可以把所有文件都收集在一起，放到一個名為「積壓文件」的資料夾中。如果一個資料夾不夠，就用一個箱子。（我看過最離譜的例子是，有人用了一整個房間來放！）

你可以利用這個原則來處理任何類型的積壓工作。這個原則的目的是封閉並獨立出「積壓工作」的清單，讓它們別再繼續增加新的內容。

步驟2：建立好處理「新工作」的系統

沒有建立處理新工作的正確系統，就無法成功解決積壓的工作——你只會成功讓自己積壓更多工作而已。請問問自己：「清理掉目前積壓的工作後，這個狀態是否能維持下去？」如果你的答案是「否」，那就需要檢視工作方式了。在釐清這一點之前，處理積壓的工作是沒有意義的。根據我前面提到的原則，在處理電子郵件、文件這類工作時，最簡單的方法就是批次處理。我將在本書後面的篇幅詳細說明如何批次處理工作。

工作會開始積壓的其中一個原因，是我們吸引了太多沒有必要的事物。垃圾郵件就直接丟進垃圾桶，甚至不必花時間打開來看；不會讀的電子報，就取消訂閱。不要為你根本不需要的事物花費精力。要不斷問自己：「我為什麼會接收到這個東西？」如果你需要處理的事情太多，請持續尋找讓事情減少的方法。

步驟3：擺脫積壓工作

如果你有正確完成步驟1和步驟2，現在積壓的工作量應該就會變少了。你不需要試圖一次就把它們全部處理掉，可以逐步讓積壓的工作減少。以電子郵件來說，請試著從最早的電子郵件開始，一次清掉一天份；以文件來說，請試著一次清掉同個主題的文件，例如先處理所有銀行對帳單，接著處理所有帳單、所有客戶來函，以此類推。處理積壓工作的方式有很多種，而你使用哪一種方式來處理，其實並不重要。如我前面所說的，即使你沒花太多心力去處理，那些積壓的工作通常還是會自然而然地減少。

原則六：減少隨機因素

如果我問一群人，讓他們無法完成當天工作的主因是什麼，最常見的答案肯定是

「干擾太多」。這個答案，意味著他們任由隨機的因素打斷一天的計畫。

我們永遠都無法完全消除隨機因素，因為生活本來就沒這麼好預測。但是「盡可能減少隨機因素」這件事依然重要，因為隨機的因素通常會伴隨負面的影響。

當我們去做一件原本不在當天計畫中的事情時，就是放任隨機因素入侵，然後打斷我們的工作。不管那件隨機的事到底是什麼，都代表我們正在做一件原本沒打算做的事。假如最後還是可以順利完成原本的計畫，這也許就不是個問題，但情況往往不是如此。我們通常會無法完成原本計畫的其中幾件事。不幸的是，這些往往也是比較困難或有挑戰性的事——實際上，也正是我們最需要去完成的。

對於完成一天的工作來說，隨機因素絕對是大魔王等級的挑戰。大量的隨機干擾出現在生活中，這意味著並不是我們在掌控生活，而是生活在掌控我們。隨機因素也分成不同的等級。每一天幾乎都會有一些隨機事件，但某些人會讓自己的一天幾乎完全隨機地度過。大多數人都至少會有某種形式的計畫，但無論是書面的還是在心中想的，他們通常都無法堅持執行，因為總有太多事情隨機出現且必須處理。結果就是：他們當天預計要做的事，跟實際完成的完全是兩回事。

我們永遠無法完全擺脫一天當中的隨機因素，但越能成功消除它們，就越有能力掌控一天的生活。隨機的事物來自各種不同的來源，例如我們的客戶、老闆、下屬、同事……當然，還有我們自己。我們對待隨機因素的方式，就是直接反應。也就是說，我們會運用反應腦，視某些隨機因素為威脅，某些則當作享受。我們需要學習如何使用理性腦來控制隨機的事物，把干擾降到最低。

隨機性的真正問題在於，事情究竟能否完成幾乎是取決於引人注意的程度——換句話說，是取決於它們發出多大的噪音。在那麼多安排工作優先順序的方法中，按照噪音大小來選擇工作，也許是最不明智的方法了吧！

測驗

以下哪些情況，會讓你的一天出現隨機的因素？

1. 你是消防隊的一員。發生了一場大火，你和團隊需要回應緊急呼叫。
2. 老闆把你叫進辦公室，交給你一個新專案。你要在接下來幾週完成大量工作。
3. 朋友寄來一封電子郵件，要你看看某個很棒的新網站。你點擊連結，花了一些時間評估這個網站。
4. 一位客戶打電話來提出緊急的要求，而你必須立即處理。
5. 老闆交給你一些工作，並希望你在今天下班前完成。
6. 你手上有些工作已經拖延好幾週了。你把這些工作交給助理，並要求他今天就處理。
7. 你必須外出買幾罐辦公室冰箱的牛奶，因為今天早上還是沒人記得要買牛奶。

☑ 答案

1. 回應緊急呼叫屬於你的工作，並不是隨機因素。消防隊的組織結構就是為回應這類緊急呼叫而設的。大火或許算是隨機事件，但你處理事件的方式並不是隨機的。

2. 被老闆叫進辦公室談話是隨機因素，但隨之而來的工作則否。你接到了一個需要在幾週內完成的專案，而你可以好好規劃，並按照計畫有條理地執行。

3. 這絕對是隨機出現又讓人分心的事——你完全沒必要讓它干擾你的工作！

4. 這是隨機因素。不過，你必須懂得清楚判斷什麼才是「緊急的要求」。在客戶的差遣中奔忙，可能並不是做生意的最佳方法。如果「立即回應客戶需求」是你的職責，你就需要建立能因應這類事情的恰當系統，如此一來，這就不再是隨機發生的狀況了。

5. 這是隨機因素，而且會造成極大的干擾。如果你的老闆常常這麼做，你就需要跟她據理力爭了。

6. 這太可怕了。你好不容易抽出時間，用隨心所欲的方式處理那些你早該好好計劃並完成的事。更糟的是，你還犯下了將完全非必要的隨機因素加諸在其中一位下屬身上的錯誤。身為老闆，這是最嚴重的時間管理錯誤！

7. 這情況很可悲——因為缺乏規畫與系統，造成了隨機的干擾。

原則七：承諾 vs. 興趣

請思考以下這兩段敘述的差異：

- 「我對寫作有興趣。」
- 「我承諾要在當地的報紙定期撰寫專欄。」

這兩種說法，分別給了你怎樣的感受？如果你和某個剛認識的人聊天，而對方告訴你：「我對寫作有興趣。」你會認為這有什麼不尋常之處嗎？有時候我甚至覺得，幾乎每個我碰過的人都對寫作有興趣。這似乎是人們最常有的白日夢——而到頭來，大多也就只是白日夢而已。聽到別人形容某個人「興趣很多」，你通常會留下這樣的印象：這個人對許多互不相關的領域略知皮毛，但是並沒有在任何一個領域中累積成果。

舉個例子，你應該也不會聽到任何人說：

- 「貝多芬對音樂有興趣。」
- 「莎士比亞對寫劇本有興趣。」
- 「貝克漢對足球有興趣。」

如果某個人告訴你，他們對某件事有所承諾，這帶來的印象就截然不同了。你會覺得這個人對這件事投入之深，簡直和生活、呼吸甚至飲食一樣理所當然。當聽到別人描述某個人「獻身於那個慈善事業」，你就知道：如果不想被說服到掏出支票簿，最好就離這個人遠一點！

人們來找我諮詢時，常常會告訴我他們有哪些興趣。大多數的人都擁有許多互不相關的興趣，而一個興趣總是會妨礙另一個興趣的發展。一個人感興趣的事物，其實並沒有上限，但若沒有將興趣化為承諾，就不太可能在任何一個領域有所進展。因此，在教練過程的前期步驟之一，就是了解這個人願意承諾和投入的事情。

承諾的問題在於，其數量可能相當有限。沒錯，這裡用了「有限」這個詞——我們的討論又回到了關於「限制」的問題。承諾蘊含著排除其他選擇的意義。如果我們真正承諾要做某件事，就意味著我們會排除可能與這件事衝突的其他選項。

我並不是要表達人不應該擁有好幾種興趣，畢竟一個人如果沒有多少興趣，可能會非常無趣。但是，把「對某件事感興趣」和「對某件事有所承諾」的差異區分清楚，是非常重要的。真正能為你的生活和工作帶來改變的，是承諾。

了解自己的承諾，是決策過程中關鍵的一環。我們每天、每時每刻都不斷在做決定。如果缺乏足以作為指標、協助我們做出決定的承諾，我們就沒有任何判斷的基準。我們的決定會變得像我們的行動一樣，全憑隨機而定。

在日常進行決策的過程中，常會面臨理性腦與反應腦在兩端互相拉扯。這通常象徵著兩種選項之間的衝突：立即的滿足與長期的獲益。舉例來說：

・我想要苗條的身材，但也想吃一塊巧克力蛋糕。
・我想要還清債務，但也想要買那台新的ＤＶＤ錄放影機。
・我想要寫書，但也想要看電視。

這時，你該問自己的問題是：「如果完成目標，我感覺如何？」

・擁有苗條的身材，你感覺如何？
・吃完那塊巧克力蛋糕、體重飆升，你感覺如何？
・還清了債務，你感覺如何？
・大手筆購入新的ＤＶＤ錄放影機、欠下了更多債務，你感覺如何？
・完成了自己想寫的書，你感覺如何？
・把時間花在看電視，而寫書依然是白日夢一場，你感覺如何？

這就是承諾的重要性！

◆練習

請列出所有你感興趣的事。不用把已經承諾並且努力在做的事列進來，你需要列的，是那些你曾想過要做，但頂多只是淺嘗輒止的事。人們在進行這項練習時，通常會列出來的有：

- 減重
- 瑜珈
- 鍛鍊身體
- 經營自己的事業
- 參與公益活動
- 學習法語／西班牙語／日語／任何其他語言
- 拿更高的學位或考取證照
- 轉職

清單上列出來的事越多越好。現在問問自己，你打算讓哪些興趣變成你的承諾，這表示你將貫徹始終，直到這件事完成。把你認為自己不會認真投入的事情都劃掉。

經過前面這番精簡後，請針對清單上剩下的每件事，問自己以下問題：

- 為了讓自己全心投入，我需要**開始**做哪些事情？
- 為了讓自己全心投入，我需要**停止**做哪些事情？
- 我是否已經做好準備，能承擔全心投入這件事必須付出的代價？

全心投入清單上任何一件事都會有所需的條件，正視這些問題，你才能決定自己是否真的要對某一件或某幾件事做出承諾。

我們需要的是什麼？

現在，我們已經了解了良好時間管理的七大原則，那麼是否能透過系統化的方式運用這些原則呢?有沒有一種更好的方式，能改變大多數的日子裡隨機又零碎的狀態?

下一章將探討，如果能找到更好的系統，我們能夠做些什麼。同時，這裡會提供兩個練習，讓你體驗一下我所描述的那種現實。

◆練習1

這個練習，是為了評估你的一天目前充斥著多少隨機因素。首先，請列出你明天(或下一個完整的工作天)打算要做的事。不要把已排定的事項(例如預定的會面、會議等等)寫進清單裡。計算出尚未安排工作的時間，並決定自己打算在這段時間做的事。接著，在清單的最下面畫一條線。

隔天，按照清單開始工作，盡可能完成(劃掉)清單上的事項。不過重點在於:在一天的過程中，要把任何「你做了，但不在原本清單上」的事，都列在那條線下方。這很容易就能糊弄過去，所以請務必確保自己列出了所有事——包括與朋友或同事交談、做白日夢、逛網站、傳訊息，或任何你衝動之下做出的事。

這項練習的目的，是讓你感受現在的自己對於一天有多大的掌控權。在一天結束時，你應該就可以清楚看出，自己能夠完成多少原本清單上的事，又出現了多少隨機的事情來干擾你。問自己以下的問題：

1. 我完成的事情，占**原本**清單上的事項多少百分比？
2. 檢視自己這一天實際做的事情，原本在清單上的事占多少百分比？額外做的事又占多少百分比？
3. 在這天中，我做了卻沒有寫下來的事有多少？

這裡有個簡單的範例。彼得寫下了明天預計要做的事項清單：

清理電子郵件
完成報告
訂美國論壇的機票
安排和新員工面談
買新的日誌
打電話給珍，討論下週的事

研究新的供應商

一天結束時，彼得已經清理完他的電子郵件、安排好面談、買了日誌，並且打了電話給珍。但是他並沒有完成報告、訂機票，也尚未著手研究新的供應商。因此，他的七項任務完成了四項，等於完成了五七％。

他也做了一些不在原本清單上的事。寫在那條線下方的內容有：

幫客戶調查問題
閱讀重要的電子郵件附件
解決會計部門的危機
整理倒下來的書堆

所以，根據彼得記錄的內容，他這天總共做了八件事，其中四件是原本清單上的事，另外四件則是當天才寫下來的。也就是說，他的這一天有五〇％是隨機度過的。

但實際上，這個比例還是太樂觀了，因為他並沒有列出和同事的各種對話、看報紙的時間，以及他在網路上研究要去哪裡度假花的那半小時。因此，其實在彼得的行動中，計畫內事項與計畫外事項的比例遠比五〇：五〇還糟。

這麼大量的隨機活動造成的問題在於，不僅完成的事情是隨機的，那些未完成的事也是隨機的。也就是說，一件事情能否完成全憑機會湊巧，而不是理性的決策。

◆練習2

接下來的練習，也是為了讓你更了解，自己對於一天究竟有多少掌控權。除了讓你更意識到實際的狀況，也能幫助你提升掌控的能力。

練習的內容，是需要每天進行的挑戰。對手就是你自己，嘗試看看盡可能取得更高的分數吧。

想獲得分數，你必須在前一天先決定，隔天預計要得幾分。接下來，寫下一份清單，想得幾分就列出幾件事。舉例來說，如果你決定明天要得三分，那就在清單上寫下三件事。你可能會這樣寫：

1. 買新的計算機。

2. 打電話給姐姐。

3. 除草。

這些事情要盡可能簡單和具體，這樣在一天結束時，才能明確知道哪些事有做或沒做。每完成一件事，就得一分。

這聽起來夠簡單了，對吧？但還有個隱藏的玄機：要完成清單上的每一件事，才能獲得所有的分數。如果沒能完成所有事項，你這天就一分都拿不到（不管有什麼理由）！

請注意，多做清單以外的事並不能得分。這點非常重要，我們稍後會更深入探討。

這個練習，可以幫助我們正視自己寫待辦清單或計畫時，總是習慣性略過不做的那些事。我們常常列出待辦清單，卻不指望能真正完成，如果真能完成反而還覺得驚訝。這導致我們每天都缺乏規畫，任由隨機因素擺布。

請透過這項練習，看看自己最多能完成多少事。你可以從很少的事項（也許只有一件事）開始，然後每天持續練習，直到可以列出長長的一份清單，並且也有能力完成清單上的所有事為止。你可能會發現，這個練習遠比你預期的困難。關鍵是，在一天開始時先處理清單上的事，再著手其他工作。

你還記得第1章那位記者問我的問題嗎？現在，你已經讀完我提出的所有原則，也試著做了一些練習，也許你會好奇我給出了什麼答案。我的答案如下，你不妨看看，是否能看出我運用了哪些良好時間管理的原則。

Q：我總是匆匆忙忙的。該如何停下腳步？

A：別再匆匆忙忙地趕著做每件事，你的工作就可以更有品質。請確保行程不要安排得太過緊湊。在會議之間，請保留充裕的交通、準備時間等等。也請記得，行程表上空著的時段，並不是真的空閒——這些時間該用來處理原本要在辦公室做的工作！

Q：我吃飯總是吃得很趕。該如何放慢速度？

A：請留給自己適當的午休時間，休息時別做任何跟工作有關的事。設定明確的午休開始與結束時間，並嚴格遵守。若想維持高效率的工作表現，休息是很重要的。適當休息，你就會發現自己反而完成了更多事。

Q：我總是得同時處理好幾件事。該如何才能更專注？

A：一次只做一件事，其實更快也更有效率。試圖同時做不只一件事，往往只會落得每件事都做不好的下場。仔細規劃你的一天，然後嚴格遵守計畫。除非是真的很重要的事，否則任何新的事情都不該影響你的計畫。

Q：沒能花更多時間陪伴家人，讓我很有罪惡感。該如何改善這個狀況？

A：為自己定下「晚上幾點該結束工作」的明確規定，並且嚴格遵守。不要把工作帶回家，並且一週至少有一天完全不碰工作。你會發現自己反而能完成更多工作，因為設下時間限制能讓你在白天時更容易保持專注。

Q：我一直抽不出時間去運動。該如何挪出時間？

A：請記住那句格言：「努力工作，盡情行樂。」請把私人時間看得和工作時間一樣重要，並且如同規劃工作一樣，花心力好好規劃你的私人時間。沒有私人生活的話，努力工作還有什麼意義呢？

Q：我該如何擠出休假的時間？我真的太忙了。

A：你怎麼會說沒時間呢？你當然有時間！一年有三百六十五天可以用來度假。你可以決定在一年裡，要犧牲幾天的時間來工作，其餘的天數就用來休假吧！

第 3 章

成就效率的方程式

一個人是否井然有序，
與性格沒有太大的關聯，
而與此人的生活結構息息相關。

如同第一章剛開始討論過的，這本書的目的是要讓你百分之百有創造力、有秩序且高效率。我們來看看這是什麼意思吧。

創造力、秩序與效率這幾項特質有著密切關聯。你可以很有創造力，但是如果你缺乏秩序，就無法達到高效率。你會把時間花在構思絕佳的點子，卻永遠無法付諸實行。

從另一方面說，你的生活可以非常秩序井然，但是如果缺乏創造力，生活就會變得了無生氣，像一台冷冰冰但高效的機器。你也可能熱衷於維持每件事情的秩序而搞得其他人都抓狂，但你永遠都不會是有效率的人，因為你更在意事物的表象，勝過其本質。

最後，如果沒有創造力與秩序，一個人就不可能有效率。效率並不是獨立存在的特質，而是一種衡量你生活中的秩序能讓你的創造力發揮到多大程度的指標。

因此，我冒著可能過於簡化的風險，提出了以下公式。這個公式呈現出這三項特質之間的關聯：

效率＝創造力×秩序

基本上，效率就是行動（action）與活動（activity）之間的差別。你的工作生活中可能充斥著繁忙的活動，但採取的實際行動卻非常少。忙碌與效率根本不是同一回事。

這並不是一本教人如何發揮創造力的書。我假設，你已經是有才華且具備創造力的人，而我在這本書想帶給你的，是透過循序漸進的指南，讓你的創造力從失序的枷鎖中解放出來。你將學到，如何付出最少的心力，全面掌控自己的生活。

如何成功達到這樣的狀態？多年來，你可能都在努力克服生活欠缺秩序的問題。你也可能把這視為一種根深蒂固的性格缺陷，某種與生俱來的特質，而你無能為力改變。

幸好，這種想法並不是事實。一個人是否井然有序，與性格沒有太大的關聯，而與此人的生活結構息息相關。如果擁有一套讓你更容易做出正確選擇的結構，你就會選擇正確的事情去做。

反過來說，如果你發現自己不斷在做錯的事情，這是因為你的生活結構讓人更容易做出錯誤的選擇，而非正確的選擇。一旦改變生活結構，結果就會大有不同。

你可能已經在生活中體驗過這個道理。大多數人在不同的情境下，都會表現出不同的行為。你在家裡可能亂到極致，在工作場合卻井井有條，也或者情況相反。當你還是公司的員工時，可能可以全神貫注工作，但開始經營自己的事業後，卻經常容易分心。在這兩種不同的情境中，你還是你，只是結構不同了。

發現自己的行動不符合原本的計畫時，不必怪罪自己有多麼無能，請檢視一下你所做的事情背後的結構。你是否有一套處理電子郵件的系統，確保能快速且有效率地處理這些郵件？或者，你工作的系統會讓半數的郵件被遺忘？許多人處理電子郵件的系統，就是優先處理較引人注目的郵件，其他則是「之後再說」。這種系統能確保有效處理所有郵件嗎？我覺得不太可能。事實上，這最終只會導致電子郵件越積越多。那麼你該怎麼做？改變這套系統！只要有正確的結構，其他事情就會順理成章地到位。

我會在這本書提出許多建議方法，幫助你改變目前的工作架構。但是請記得，不管做什麼事，方法肯定不只一種。只要記住不同的結構會導致不同的結果，你也可以善用創造力，設計出自己的系統。

書中分享的方法非常簡單，不需要花好幾年的時間學習或練習，只要花個下午去付諸實行，就能立即見效。其實，我要給你的是一個挑戰：讀完這本書的二十四小時後，你將變得徹底井然有序。聽起來有可能嗎？這個嘛，我可以向你保證，你絕對有可能完全掌握手邊的工作，同時還有一套可行的計畫，能用來處理手邊積壓的工作。

有些人聽完我分享的方法後，會說：「這聽起來很棒，等我趕上我的工作進度，再來嘗試看看。」這種做法是錯誤的。按照我的方法去實踐，你才能趕上你的工作進度啊！

現在的你有效率嗎？

我們來看看你目前的狀況。滿分是十分，請依照感覺為自己的創造力打分。這是一個純粹主觀的判斷，不需要花太多時間想正確答案，最好直接寫下腦中浮現的分數。完成後，再為你的秩序程度打分。

現在，把兩個答案相乘，就能得出你的效率百分比。

你可以把答案寫在這裡，或記在另一張紙上：

創造力＿＿＿×秩序＿＿＿＝＿＿＿%效率

舉例來說，如果你自認非常有創造力，或許會給自己的創造力打八分；同時你又覺得自己缺乏秩序，所以給自己的秩序四分。兩個分數相乘後，會得出三十二分。這代表儘管你非常有創造力，卻只能發揮三二%的效率。

處在這種狀況中的人，他們認為自己效率低落，於是就設法提升自己的創造力。他們可能會去上某個創意課程，努力取得證照或更高的學歷。這都是好事，但請注意，無論他們在創造力上面付出多少努力，分數最高也只能提升到十分。這當然是偉大的成果，但能為效率的分數帶來多少變化呢？由於秩序分數依然只有四分，所以效率最高也只能提升到四〇％。這肯定比完全沒進步好得多，但改善幅度卻也不大。

我們換個角度看看，如果不去提升創造力，而是努力改善秩序，結果會有什麼不同。如果能夠讓秩序的分數提升到十分，就可以發揮八〇％的效率。這是很大幅的提升，而且不必考取更多證照或取得學歷。所以很明顯地，把注意力放在改善秩序，能帶來最多的回報。

這甚至還低估了「專注於秩序而非創造力」會造成的影響，因為改善秩序這件事本身就有可能釋放創造力。你可能會發現，提升秩序分數的同時，創造力的分數也會提升，而你甚至不需要針對創造力付出任何努力。所以光是改善秩序，就很可能將整體的效率提升到八五％。從三二％提升到八五％，如此大幅度的進步，確實很值得努力吧。

如果顛倒過來，這個變化對大多數人而言就無法成立了。只是提升創造力，不太可能讓你變得更有秩序。

而本書的目的，是幫助你提升秩序分數，讓你可以拿下十分的滿分。嗯，也許把目標設定成十分有點太高了，先以九點五分為目標吧。達成目標的可能性有多高？就看你能多嚴格遵循本書的指引了！

當你知道自己想要達成的目標，也制定了讓自己能全心全意為目標努力的策略，你就掌握成功的公式了。

如果真的可以掌控自己的人生，能做到哪些事情呢？

你能完成每天的工作

當一天的工作結束時，你是否會告訴自己「我完成了，我做完今天該做的每件事」？做某些類型的工作確實有可能這麼說。但是大多數的行政決策、管理，或創業性質的工作，工作量似乎只是永無止境。可以肯定的是，從事這些工作的人永遠都無法完成他們的待辦清單。話雖如此，讀完這本書後，你會確切知道該做出哪些改變，才能每天完成當天的工作。

你能知道一天的工作內容，也準確知道何時該完成

在宣告「一天的工作完成了」之前，你得先知道，所謂「一天的工作」究竟包含什麼。如果讓你寫下所有未完成的任務，其中有幾件與你這天的工作有關？也許根本無

關！這份清單不只長到當天肯定做不完，上面事項的時間範圍還各有不同。有些今天剛出現，有些是昨天，還有些是一週或更久之前，通常還會有已經擱置了幾個月的潛藏事項。所以你的清單不只無法反映出一天新增的工作量，也無法反映出一天完成的工作量。如果每天都有一份任務清單，列出所有你當天需要處理、也能夠完成的工作量，這樣不是很好嗎？聽起來也許不太可行，但我會明確告訴你如何做到。

就算無法完成當天的工作，你也能研判問題、找出改善方法

生活永遠都無法完全按照計畫，即使有全世界最好的工作系統，工作進度還是有可能落後。此時，重要的是能夠判斷狀況為何會發生，進而採取行動修正。沒人能負荷得了工作越積越多所造成的能量消耗。

你能用超快的時間完成例行公事，例如電子郵件、文件、電話訊息及各種一次性任務

無論多麼著眼於大局，除非有其他人代勞，否則你還是需要處理構成日常生活的例行事務。但忙於應付這些相對瑣碎的事情，往往讓你無法處理那些真正有意義的事情。

不過，你也無法忽略這些「微不足道」的事，如果放任不管，只會讓自己越來越停滯不前。你需要全面掌握這些例行事務，把它們造成的干擾降到最低，其中也包含用系統化且快速的方式完成工作。我會告訴你如何做到。

你能用最快的時間完成專案

專案常常會陷入停滯或進度緩慢，導致花費在上面的時間遠超過真正所需的時間。了解如何啟動以及持續推進專案，是工作的重要技能，我也會在本書傳授這項技能。這樣一來，就能確保你的專案都能順利推進了。

你能夠明確定義適合自己的工作量

我在上一章已經討論過關於「限制」的問題。如果你承擔（或被交付）太多工作，會發生什麼事？唯一的可能，就是某些工作只能胡亂完成或根本做不完。問題在於做或沒做哪些工作，或多或少都是隨機決定。有意識地決定哪些工作該完成、哪些不該做，這樣不是更好嗎？如果更了解適合自己的工作量，進行決策時就更簡單。我也會和你分享，該如何明確定義適合自己的工作量。

你能夠接手新工作，但不中斷現有的工作

很少有人擁有能納入新工作的系統，結果一旦被指派新的專案就應付不了了。必須將新的專案融入手邊現有的工作，但是該怎麼做呢？由於沒辦法確認適合自己的工作量，這些人也不太會拒絕新專案，因為他們覺得自己還能負擔。除了讓你能夠定義自己的工作量外，我還會分享一套簡單的系統，讓你能把新增的工作納入現有工作中。

你會知道如何處理真正的緊急狀況，不為非緊急的事分心

沒有什麼事情的破壞力，比得上干擾和緊急事件造成的隨機效應。但是，有多少「緊急狀況」是真的緊急呢？當然，我們偶爾會碰到火警或某個孩童開始尖叫，但大多數所謂的「緊急狀況」都不屬於這類。如果你一週碰到超過一次真正緊急的狀況，除非你是消防隊員，否則你的工作必定有很大的問題。對辦公室的員工來說，大多數的「緊急狀況」，都是因為當初疏忽了某個問題而造成的。

你能夠著手進行那些夢想「有朝一日」要完成的事

大多數人心中，都有很多有朝一日想做的事。其中有一些可能要等賺到許多錢或滿足某些條件後，才能開始去做。

但其中也有許多事，完全沒有現在不能做的理由——除非「我就是找不出時間」或「我來不及做」也算得上理由。我會分享一套簡單的系統，讓你可以開始做這些想做的事。它們對你來說很可能是人生中最重要的事，所以學會這個技巧絕對值得。

你能夠適當跟進工作的後續狀況

許多人在處理一項議題或專案時，往往會在一次工作中燃盡爆發力，接著把這件事完全拋在腦後。回頭再看，重要的脈絡或思路早就消失了。專案就像你家的植栽：不定期澆水，遲早會枯萎。因此，持續跟進是很重要的，這表示用系統化的方式追蹤專案，是工作時的必要技巧。我也會分享該如何做到這點。

你會知道如何掌握委派給他人的工作

如果你曾說過「我自己來還比較快」這種話，你大概也很清楚委派工作有多困難。不過，要掌握自己委派出去的任務，其實比你想的簡單。我會分享最佳的方法。

你能夠應對其他人時間管理不善的問題

即使解決了自己的時間管理問題，還是得應付因其他人時間管理不佳而造成的問題。當工作效率很差時，我們往往會根據事情當下發出的噪音（無論是物理還是心理的）來作反應。重要的是要記住，其他人在工作時也是用同樣的方式。如果希望其他人為我們做事，就需要發出更吵的噪音，蓋過他們其他所有事情的音量。當然，以系統化的方式追蹤還是最佳的方法。

你能夠自我激勵，充滿幹勁地完成一天的工作

想激勵自己完成一天的工作，最好的方法是什麼？顯然享受工作、擁有清晰的願景都很重要，但我不認為這些是維持前進動力的最重要因素。我反而認為，最讓人充滿力

量的，是那種自己能夠完全掌控工作的感覺。如果能掌控某件事，即使並不特別喜歡這份工作，你也會有足夠的力量去完成它。

以下哪種狀況，能讓你更有動力？

- 每天輸入發票資料等數據，確保帳目維持更新，等到報稅時，只需要按幾個鍵就能輕鬆解決；或是
- 累積一年份的帳目單據，年底時為了趕上報稅截止時間死命掙扎。

當你讀完這本書，就會知道掌握工作的所有訣竅。剩下的，就靠你自己了！

◆自我檢核表

如果你覺得自己的狀況通常符合該敘述，請在方框內打勾。

□你是否每天都能完成自己的工作？

□你知道一天的工作包含哪些事嗎？

□如果發現工作進度落後，你知道該如何找出問題嗎？

□處理例行事務（諸如電子郵件、文件、電話訊息與一次性工作任務等）時，你是否能不受干擾、盡快處理完畢？

□你是否能夠快速且有效率地執行完專案？

□你知道你能夠承擔的確切工作量是多少嗎？

□你知道如何在不干擾現有工作的狀況下，納入新增的工作嗎？

□你是否能夠分辨真正的緊急狀況與單純只是干擾的事？

□對於如何實踐自己「有朝一日」想做的事，你是否有概念？

□你是否能夠適當跟進工作後續？

□你知道該如何密切追蹤委派給他人的任務嗎？

□你是否能夠應付其他人時間管理不佳的問題？

□你在一天的工作中是否都能維持動力？

□你知道該如何讓專案順利推進嗎？

第 4 章

時間管理的核心問題

一道菜看起來很美味，
不代表你就非吃不可。

在《搞定所有工作，還有時間玩樂》一書中，我整理出了我認為典型的時間管理方法會有的問題。此處將聚焦其中兩點，因為我認為它們也被當作生活管理的核心原則。

我想探討的兩點，分別是「按重要性決定優先順序」，以及被廣泛當作工具使用的「待辦清單」。這兩者在時間管理領域都是不容質疑的信仰，但我認為這兩個概念從根本上就是錯誤的，原因也如出一轍：**它們會讓我們更加沉浸在導致問題產生的行為中**。

我們的時間問題，剛開始是怎麼發生的？基本上，可能的因素有三種，而且也就只可能是這三種。當然，問題也可能是這三種因素共同造成的。這些因素有：

1. 我們的工作效率低落。
2. 我們有太多事情要做。
3. 我們可用的時間不夠。

我們輪流來看看這些因素吧。

我們的工作效率低落

請注意，我說的不是工作有沒有「成效」，而是有沒有「效率」。我刻意區分，因為這裡純粹是在談處理工作的速度。在這個前提下，我並不針對工作是否正確完成做任何價值判斷，我想討論的，只是基本處理能力。

如果我們用三心二意、沒有焦點且零亂瑣碎的方式在工作，很難把工作做好。大多數人處理工作的效率都還有進步空間。只要仔細閱讀本書的內容，效率應該就可以大幅提升。但是無論我們效率多高，最終還是會面臨一個人所能完成工作量的極限。一旦超出了極限而無法掌控工作，就只能從其他地方尋找解決辦法了。

千萬留心——工作效率的提升，常會讓人忍不住承攬更多工作。這很容易讓我們再次陷入困境，只不過這一次，面臨的壓力會更龐大、更強烈！

我們有太多事情要做

道理非常簡單：如果工作量超出自己的處理能力，我們就無法妥善完成。遺憾的是，這個道理也和其他簡單的道理一樣，常常被忽視。我常碰到一些潛在客戶，明明工作量已經超出負荷，卻還希望我能指導他們完成更多事情。對很多人來說，忙碌不堪似乎是實現自我價值的關鍵，而採取措施來減輕工作量，簡直等同於承認自己的失敗。

但其實真正的問題在於，我們處理工作的能力，是否足以應付現有的工作量。前面已經說過，我們可以提升自己的能力到某個上限，但一旦超越了這個上限，唯一能做的就是減少工作量。

面對這種情況，個別檢視工作項目並沒有幫助。工作並不是憑空出現，而是來自我們所做的承諾。其中有些可能是被交派的，有些則是我們自願攬在身上的——但無論原因為何，所有的工作始終源自於承諾。要減少工作量，就需要減少自己做的承諾。

我們可用的時間不夠

看到未來的日誌上空白的頁面，如果你真以為那些時間空閒無事，就是在欺騙自己。上面其實已經塞滿了每天的例行公事。我們常會把會議、約會、研討會排滿日程，彷彿空白的頁面就代表這一天完全空閒，但這種誘惑必須抵抗。除非你的工作都有人代勞，否則就必須保留足夠的時間。

仔細思考就會發現，前述的三點正是你無法完成一天工作的理由。我們為無法完成事情找的一切理由或藉口，都離不開這三點。

常見的時間管理原則提倡「按重要性決定優先順序」，但這種方法，往往會讓這三種問題變得更嚴重：

- **我們的工作效率低落**：如果工作缺乏效率，那麼按重要性決定優先順序也沒有幫助，因為處理工作的速度並沒有變化。不管是在做所謂「重要的工作」還是「不重要的工作」時缺乏效率，結果都一樣缺乏效率。排列工作的順序，不但無法提升速度或效率，反而可能會累積成堆的「不重要的工作」，越積越多就會連「重要的工作」都無暇顧及。我們誤以為按重要性決定優先順序能讓工作更有效率，但事實正好相反。

- **我們有太多事情要做：**如果是工作太多，按重要性決定優先順序既無益於減少現有工作量，也無法提升我們完成的工作量。因此，有些工作注定是做不完的。如果這些工作不太重要，沒做完也無所謂，那麼我們當初何必做呢？而如果這些工作確實該做完，那誰先誰後真的有差別嗎？事實是，一旦有所承諾，就必須承擔與之相關的所有工作。按重要性決定優先順序，只是為了逃避真正的問題：我真的該做這件事嗎？我們誤以為可以透過優先處理某些工作、把重點放在「重要的」事情上來逃避問題，但這樣其實只會促使自己攬下更多工作。
- **我們可用的時間不夠：**如果是行程太滿、時間不夠，那麼按重要性決定優先順序更不會有什麼幫助。我們還是會誤以為能用這種方式解決問題，結果反而把行程塞得更滿。

待辦清單對我們也沒有任何幫助。所謂的待辦清單，只能或多或少完整列出未完成的任務，卻跟一天需要完成的工作沒什麼關聯。仔細思考一下，你需要的是在一天之內完成平均一天會收到的新工作量。在理想的世界裡，你每天都能應付新的工作，每天也都能完成當天該做的事。對大多數人來說，這聽起來相當遙不可及，但其實非常容易達成。之所以聽起來不可思議，是因為待辦清單破壞了我們每天新增的工作與每天實際完成的工作之間的連結。

測驗

在以下的情境中，哪個才是最佳選項（A或B）？

1. 你在籌備自己的小型事業。某人向你提起一個新機會，正好對你的事業大有幫助。你會：

A. 接納這個新機會，並將新的工作整合到現有工作中。

B. 無論這個機會有多誘人，你都決定絕對不在這個階段分心。

2. 一天充滿各種讓你分心的事，你的時間都花在瑣碎的事上，一直沒辦法處理重要的事。你會：

A. 決定好好安排優先順序，先做重要的事情。

B. 改善工作系統，用更好的系統來處理例行事項。

3. 你的工作常需要出差或開會。這些會議會衍生大量的行政工作，但是你的行程排得太滿，導致這些行政工作進度落後。你會：

A. 找某個人幫忙處理行政工作（或聘僱他們）。

B. 每週安排最低限度的時間來處理行政工作。

☑ 答案

1. 正確答案是B。你可以把各種機會想成菜單上的品項，某道菜看起來很美味，不代表你就非吃不可。在創業過程中轉而投向某個新機會，是破壞事業的最佳方法。

2. 正確答案是B。這是工作缺乏效率的實例。你需要改善工作系統，用更有效率也更明確的方式處理瑣碎的事。如果你試圖用優先處理「重要的工作」來決定順序，那「不重要的工作」永遠都做不完。你很快就會發現，「不重要的工作」會用令人不快的方式彰顯它們的重要性。

3. 這兩個答案都正確，最佳的解決方案可能是將兩者結合。但是請注意，如果有某些因素讓A選項不可行，那B選項會是唯一的解決方案。繼續維持現在的工作方式不算是一個選項。

◆練習

整理一份完整的清單，列出那些你尚未完成的工作。接著，在旁邊寫下這項工作大約擱置了多久。換言之，你是在多久前被交付、承攬，或決定自己需要做這項任務的？

你很可能會發現，列出來的事項橫跨了很長一段時間範圍，有些可能是今天或是昨天出現的，有些可能已經拖了大約一週。有些甚至可能拖了好幾個月或好幾年。

接下來問問自己，假設都不做其他事情、只專心處理這份清單，要花多久才能把上面的事項都完成（劃掉）。最簡單的方法是以分鐘為單位，寫下清單上每項工作預計會花的時間，接著全部加總，再把時間除以六十、換算成小時。最後再除以你每天工作的時數，就可以算出你累積了幾天份的工作量。

即使在理想狀態下，你可能也得花幾天的時間才能清空這份清單。這時你就會發現，這份清單既看不出你一天出現的新工作量，也看不出你一天完成的工作量。這是所有待辦清單的常態。

現在再做下一個練習，這個練習可以讓你了解「一天的工作」究竟是什麼。

◆練習

在這個練習中，我希望你收集一天內新出現的工作。無論是否已經著手處理，請把這個工作天內新增的每一項工作寫下來。記下當天收到幾封電子郵件、接到幾通電話或其他訊息。列出當天收到的所有紙張文件。記錄所有當天到期或被交派的工作。

別把任何已經在待辦清單上的事或積壓的工作列進來，因為那些屬於舊的工作！

在一天結束時，查看這張清單——這就是你一天內新增的工作量。請好好檢視它。如果想維持對工作的全面掌控，這就是一天平均需要完成的工作量。你辦得到嗎？

如果你認為這天的工作量比平常繁重或輕鬆，可以依自己的感覺去調整。但基本上情況大致如此，這份清單就是你平均每個工作天需要完成的工作量。這是可行的嗎？

有些人在做這項練習時可能會覺得驚喜，因為他們意識到，只要擺脫未完成的舊工作造成的窒礙，要跟上進度其實非常容易。

有些人則會飽受驚嚇地發現：如果這些就是自己每天試圖完成的工作，也難怪會跟不上進度！

無論你是哪種人，這也許都是你有生以來第一次清楚理解「一天工作」的意義。典型的時間管理方法，並不會引導你了解「一天的工作」究竟包含哪些內容。它們只是提供一種重新排列工作順序的方法，試圖逃避新增的工作與現有的工作兩者的失衡。藉由優先處理「重要的工作」來控制工作，不過是治標不治本。真正的原因存在於更深的層面，必須加以處理。

你現在已經知道一天的工作量包含哪些內容了，而你必須接受這樣的事實：這就是你每天都需要完成的工作量。如果你做不完，只有這些補救方法：

- 提升工作的效率。

- 減少你的工作量。
- 增加工作的時間。

除了這三種方法，沒有其他方法可以解決這個問題。當你發現自己進度落後，**必定**是這三種因素的其中一種（或以上）導致的。對大多數人來說，問題的原因很可能三種皆有。這些人工作時會分心或難以專注，是因為他們任由自己的承諾不受控制且沒有明確界定地變多。這讓工作變得既不愉快又充滿壓力，於是他們開始安排過量的行程，因為會議既能逃避工作，也是工作進度落後的完美藉口。這種惡性循環一旦形成，想打破就是難上加難。

在此我要澄清，我不滿意的只是「按重要性決定**工作**的優先順序」這個概念。對工作進行優先排序，思考的層級本身就錯了，我們該決定優先順序的，是目標和承諾。工作源自你的承諾，因此，篩選你要承擔的承諾絕對有其必要。唯一明智的方法，就是決定哪些事物對你的生活和工作而言真正重要。

一旦你做出某個承諾，就需要完成所有與其相關的工作，而這些工作究竟重不重要，其實也就無關緊要了。許多人終其一生都在「救火」，就是因為他們忽略了這基本的一點。我們必須意識到，工作並不是憑空出現的，這非常重要。工作是你承諾的結果。無論你是否有意識做出承諾，每項承諾都會帶來相應的工作，而你所做的每一項工作，也都源自某個承諾。

大多數的承諾本身，就是某個更高層級的承諾造成的結果。因此，你其實擁有一連串的承諾，其中有些是對自己的承諾，有些是對家人、工作，有些是對朋友、同事，有些則是對你隸屬的組織。

若想減少工作量，該檢視的並不是個別的工作，而是你所做的種種承諾。當我們覺得需要減少工作量時，通常總想減少分配給每項承諾的時間，而不是減少承諾本身。更明智的做法是減少承諾，我們才有更充足的時間去完成。承諾就像灌木叢，需要定期修剪。

◆練習

檢視待辦清單上的每項工作，然後問問自己，為什麼會把這項工作列入清單。你做出過哪些與此相關的承諾？目前這些承諾真的合理嗎？即使所有的承諾都合理，是否有必要同時保留？

在下一章中，我們將探討選擇承諾時需要考慮的因素。

第 5 章

工作的真諦：
真忙，還是瞎忙？

忙碌的工作往往比真正的工作看起來更像工作。

如同我在上一章強調的，以重要性決定優先順序的做法，基本上就是在說：「哪些事我要好好做？哪些事我要隨便做做？」而真正的問題應該是：「這件事我究竟該不該做？」

我堅信做出了承諾就要用適當的方式執行，這點你應該很清楚。對一件不打算好好完成的工作做出承諾是沒有意義的，只會讓你更不可能做好其他事。如果不打算做好，乾脆一開始就選擇不要做。做得少、但把事做好，勝過做一堆事但都做得很糟。我們該如何決定，自己要好好完成少數的哪幾件事呢？

每當做出新的承諾時，都必須仔細考慮這會對現有的承諾造成什麼影響。說來奇怪，我們每天的二十四小時都已經被**某些事**塞滿了。因此，每承擔**新的事**，就必須犧牲目前花在**其他事**上的時間。如果**其他事**指的只是無所事事躺在沙發看電視，那倒沒什麼問題。而如果是從另一項即將結束的專案把時間挪過來，也沒有大礙。但如果我們本來就已經疲於奔命，這就是個問題了。

我之前已經探討過，目標不僅會決定我們該做什麼，也會決定我們**不該**做什麼，而承諾也是同理。承諾不僅明確指出我們所承諾的事，同時也暗示我們不會參與任何會讓自己違背承諾的事情。這就是承諾的意義。以婚姻為例，如果其中一方未能履行承諾，我們都很清楚這段婚姻會有什麼結果。

所以，每當你列下承諾的清單時，實際上就是在告訴自己：「這就是我要投入的事情。」在各種時間、想法、建議、念頭等等需求形成的迷霧中，你的承諾就如同洶湧大海中屹立不搖的燈塔——「這就是我要投入的事情」。

人們很容易沈浸在各種活動中，實際上卻沒有採取太多行動。我們觀察政界，往往會看到許多活動，真正的行動卻很少。政客們也常遭大眾詬病，認為他們只談論某些問題或通過相關法律，就以為問題已經解決了。

同樣道理也適用於追求成功的任何領域。活動並不等於行動，儘管它經常被誤認成行動。人們很容易自欺欺人，以為忙得團團轉就是真的在工作。

因此，我想明確地區分「真正的工作」與「忙碌的工作」。如果你擔任的是主導他人的角色，這兩者間的區別尤其基本。

真正的工作，能推動你的事業或工作發展躍進。真正的工作，應該會讓你善用技能與知識，並且能經常帶你離開舒適圈。就本質而言，真正的工作具備相當的挑戰性，也可能讓你心生抗拒。

而另一方面，忙碌的工作則是你為了逃避真正的工作而做的所有事！

真正的工作，通常需要經過許多思考和計劃。所以不幸的是，忙碌的工作往往比真正的工作看起來更像工作。比起安靜坐下來思考與計劃，你東奔西跑、看似忙碌時，反而更像是在工作。不只在同事眼中如此，更糟糕的是，在你自己心中大概也是如此。

我已經數不清聽過多少個人說：「我真的應該要做某某事，但我就是沒時間。」而且通常他們一直沒去做的某某事，對他們的事業來說都絕對重要，例如撰寫行銷計畫或網站改版。他們為何抽不出時間去做那些可能其實最重要的事呢？因為他們深陷在瑣碎的承諾中，而且認為自己有義務去履行。但實際上，這些承諾都只是忙碌的工作，根本沒必要攬下來。

忙碌的工作實際上包含哪些內容會因人而異，也因工作而異。某個人真正的工作，對另一個人來說可能是忙碌的工作。舉例來說，如果有個老闆花時間去做她助理就能處理的工作，這對老闆而言就是忙碌的工作，但是這些工作對助理而言，則可能是真正的工作。

真正的工作	忙碌的工作
推動你的事業或職涯發展躍進	逃避對你發展事業或職涯有必要性的工作
別人付錢請你做或可以讓你賺錢的工作	阻礙你去做別人付錢請你做或可以讓你賺錢的工作
對你事業或職涯的根本核心帶來正面影響	對你事業或職涯的根本核心造成負面影響
充分發揮你的技能與知識	未能善用你的技能與知識
領你踏出舒適圈	讓你固守舒適圈
有挑戰性	輕鬆安逸
只有你能做	每個人都能做

以下這些重點提示能幫助你辨別，自己究竟是在做真正的工作還是忙碌的工作。你可能已經落入了忙碌的工作陷阱：

- **工作讓你不堪負荷，卻無法為你帶來挑戰：**真正的工作具有挑戰性，但不會讓你不堪負荷。

- **你做的許多工作，和下屬做的沒什麼不同：**真正的工作會需要運用你的個人技能與經驗。如果另一個人沒有你的技能與經驗也能做，那你就是大材小用了。
- **你一直沒能採取一些極其重要的行動：**真正的工作，就是那些極其重要的行動。
- **你從來都沒有時間停下來思考：**真正的工作是透過行動來展現思想。如果你沒有在思考，那你很可能也沒在進行任何真正的工作。
- **你投資在一項工作的時間總是很短：**真正的工作也包含跳脫當下視野、規劃長遠未來。
- **你總是反覆碰到同樣的問題：**真正的工作背後，會有一套優秀的工作系統。

辨認你的職責中哪些是真正的工作，是非常重要的。或也許應該說是「你的人生中」，因為「真正的工作」這個概念同樣適用於你的個人生活。哪些行動能夠真正推動你的人生向前邁進？

有個很棒的原則能作為參考：「除非你能夠全心全意地許諾，否則永遠不要許諾任何事情。」當某人要求你許下某項新的承諾時，通常我們會勉為其難地答應，或充滿罪惡感地拒絕。但與其這樣，不如養成這樣問自己的習慣：「我能否全心全意承諾此事？」如果答案是肯定的，就可以許下這項承諾，因為你知道自己會全心全意地投入。而如果答案是否定的，你可以這樣拒絕：「我的原則是，要能全心全意投入我才會答應。我想我無法全心全意投入這件事。」

這點極其重要，如果你許諾了某件事卻無法全心全意投入，最終難免只能草草了事，甚至還會因此心生怨懟。我們的語言就體現了這點：「他無心做這件事」；「她做事三心二意」；「我無心處理這件事」；「他們打從心底就不支持這件事」。

測驗

在下列的情境中，你真正的工作是什麼？

1. 你是小型企業的老闆。
2. 你是小型教育產品公司的業務。
3. 你是大公司總經理的私人助理。
4. 你是獨立經營事業的人生教練。

☑ 答案

1. 作為企業主，最重要的真正工作，就是只有你才能做的事，例如制定企業策略與經營方向。有太多的企業主都過度沈浸於經營公司，忽略了最基本的事情。

2. 你可能會想說真正的工作就是銷售產品，但其實你真正的工作，是那些能夠促成銷售的行動。你需要辨認出這些行動是什麼。在大多數銷售領域中，這指的就是打大量的電話。如果你沒有打很多電話，就不是在做真正的工作。

3. 你真正的工作，是讓總經理有時間可以做她真正的工作。

4. 在這類情境中，重要的是明確了解你所經營的是什麼生意。你的專業是指導，但是你經營的生意是販售指導的服務。如果你沒有投入大量時間在銷售或行銷，那你就沒有在做真正的工作。

我在本書的前面提過，最能夠激勵我們完成一天工作的因素，就是能夠完全掌控工作。這個說法也許讓你很意外。多數人可能會回答「清晰的目標」、「熱情」、「從事我愛的工作」，諸如此類。你也許會驚訝，因為我認為上述都不是答案。

只要能夠完全掌控，即使我們並不特別喜歡這個工作，也會有足夠的精力去完成。要完全掌控工作，就需要有清晰的目標，讓目標定義出我們會做與不會做的事情。認知到目標是真正的目標、攸關真正的工作，我們的熱情就油然而生——因為我們清楚，這些工作會運用自己全部的技能與才華，推動人生向前邁進。如果能夠掌控工作，而不是被工作掌控，我們就會熱愛自己的工作。

前面提過在餐廳點餐的比喻。當我們點餐時，實際上就是在表示，無論其他餐點看起來多吸引人，我們都只會吃自己選的。這會引導出一項非常重要的原則：即使某件事聽起來像是個好機會，或像是你會想做的事，也不代表你就非做不可！

那些深陷網路直銷的人都有個通病，就是總在尋找下一個更棒的機會。但無論你對網路直銷的觀感如何，它的結構都表明：少數人會賺大錢，有些人賺少少的錢，而絕大多數人都會虧錢。

能經由網路直銷賺到錢與賺不到錢的人，差別可以用一點概括：堅持不懈。那些賺錢的人會選定某家公司，堅持做下去，並且穩定維持長時間的努力。而那些虧錢的人，通常都被立即獲利的保證誘惑，一發現無法立即獲利就放棄，或轉而投入另一個「更有前景」的機會。我碰過嘗試了幾十種網路直銷，卻從未從中獲利的人。如果他們不一直尋找「更完美」的機會，而是選定某個網路直銷產品並堅持經營，也許獲利會好很多。即使挑中一家不好的網路直銷、最後公司破產了，他們仍能從堅持到底的經驗中獲益良多。

這種弱點，並不是只有做網路直銷的人有，許多經商的人普遍都有。他們一碰到新的點子或機會，就一股腦投入其中。而他們渾然未覺，這個新機會帶來的最大影響，就是削弱他們投注在現有業務上的心力。

經商賺錢的方法，通常是將你的重點盡可能聚焦。你的目標應該是把少數的事情做到極致傑出。如果你發現自己沒有足夠的時間做好所有事情，就再進一步集中焦點，讓自己專注的事情越少越好！

如果你是獨立經營事業或自己管理小型企業，那麼縮小範圍、集中焦點聽起來還算容易。但當你的上面還有老闆，而你的專案或承諾都由他或她分配，你又該如何讓焦點更集中呢？

身為員工，必須抗拒把所有時間管理問題歸咎於老闆的誘惑。你的老闆有責任好好管理、並分配給你適當的工作，而你的責任則是提供必要的資訊與回饋，幫助他們更能善盡職責。

如果你打算和老闆討論你的工作量，那麼你必須清楚知道自己的工作該如何執行。如果連你都搞不清楚狀況，又該如何向老闆提出建議呢？想捍衛自己的立場，首先必須確定你的立場。

第 6 章

辨認「緊急」的真偽

所謂的「偽緊急」，
就是因為沒有提前完成而變得緊急的狀況。

想像一下這個情境：你把車送去懶散喬的車廠進行維修。喬是很棒的技師，對汽車維修很拿手，但他是一人團隊，工作毫無章法。任何人打來預約汽車保養或維修時，喬都會告訴對方：「你隨時都可以把車開過來。」喬的車廠隨時都有大概十輛車停在各處，並且拆卸進度各有不同。他會修某輛車一陣子，覺得膩了就改修另一輛車。當某人打來告訴喬他們急需用車時，喬就會換成處理這些客戶的車，直到下一通電話響起、打斷他的工作為止。

喬的一天總是被各種憤怒客戶的需求打斷，因為他們想知道車修好了沒。而這些客戶很快就會發現，即使維修只需要花幾個小時，他們也必須做好要等至少一週的準備，時間還可能拖更長。

能夠隨時把車開去維修原本是個優勢，但如果客戶連車都拿不回來，這似乎就不算什麼優勢了。事實上，喬的客戶之所以沒有強行把車取走，通常只是因為他們知道自己的車一定還是四分五裂的狀態。即使終於拿回車，他們通常也會發現喬漏了某個重要的地方沒處理。

而喬大多數時候之所以不會被追究，除了因為他對任何類型的車都很拿手，還因為他的收費非常便宜。

喬的工作系統（或應該說是毫無系統）是不是很熟悉？老實說，這跟很多人（不管他們是在維修廠、辦公室還是家裡）度過每一天的方式也差不多。

喬在鎮上有個競爭對手，是維修技師酷米克。兩人的維修技術不相上下，但是米克有一項極大的優勢：他非常有條理。當某人打來詢問維修服務時，米克會預定好確切的維修日。他明確知道，自己目前承接的車輛要花多少天的工作時間，也能透過經驗確定哪種維修大概會花多久。這代表他很清楚自己一個工作天可以承接多少輛車。當某位客戶預約某天把車送來，他們也會知道自己當天就能把車取回來。

米克準備了一份維修清單，上面列出每台車需要處理的項目，所以他從不會遺漏任何部分。他一次只處理一輛車，確認清單上的項目都完成，才會處理下一輛車。碰到意料之外的問題，他會盡可能立即處理；如果無法立即處理，他會打給客戶，重新約定日期。跟喬不同的是，米克每天都在固定的時間回家，並且有信心自己已經完成了當天該做的工作。他的可靠讓他可以收取比喬更高的費用。那麼，你認為哪個人一週可以維修更多的車？

當你感受到壓力時，不妨問問自己：我究竟是懶散喬，還是酷米克？

喬是集各種時間管理問題於一身的活生生例子。我們來仔細檢視喬工作的方式，看看其中有多少和自己相同。

- 他沒有為工作界定限制。
- 他會對任何吸引注意力的事情做出反應。
- 他同時間處理大量的事物。
- 他對於自己一天可以做完多少工作沒有明確的概念。
- 他每天都無法完成工作。

結果是：為了取悅所有人，喬沒有效率、工作量不如米克、讓客戶失望，而且工作價值遠低於他的技能應有的價值。

而另一方面，米克的工作方式則大為不同。

- 他為工作界定了限制。
- 他不會讓自己分心。
- 他一次只做一件事情。

- 他確切知道自己一天可以消化多少工作量。
- 他每天都可以完成工作。

結果是：雖然客戶剛開始需要等比較久，但是最後可以更快取回車，而且該處理的地方都處理完畢。他有效率、工作量更高、不會讓顧客失望，並且可以收取與技能相符的費用。

懶散喬	酷米克
沒界定限制	有界定限制
對任何吸引注意的事情都有反應	不會讓自己被分散注意力
同時處理大量的工作	一次只處理一件工作
對一天能做完的工作量沒有明確概念	確切知道一天可以做完多少工作
每天都無法完成工作	每天都可以完成工作
可負擔的工作量較低	可負擔的工作量較高
平均處理時間較長	平均處理時間較短

喬和米克的工作方式，本質上有什麼差異？關鍵就在於這一點：隨機。

喬的一天可說是完全隨機：哪一天有多少車會進廠維修是隨機，他會對車做哪些處置是隨機，而車主可以取回車輛的時間也是隨機。

面對「客戶隨機預約」的同一狀況，米克會立刻為隨機的狀況建立秩序。他的工作方式大都並非隨機。即使發生了意料之外的狀況，米克也會迅速採取行動、重整秩序。

而米克又是如何讓隨機的預約變得有秩序呢？方法就是和客戶的預約保持某種距離。他建立一道緩衝，讓隨機的預約可以累積並建立秩序。另一方面，喬並沒有和任何機會保持距離。他單純就是對出現的每件事做出反應罷了。

請注意，米克不但創造出某種距離，還建立了系統化的順序。保持距離卻不建立系統化的順序，姑且只能稱為「拖延」，你只是把某個隨機的衝動留給未來而已。

這種保持距離並建立系統化順序的方法，就是良好時間管理的核心。

◆練習

觀察自己的一個工作天。特別留意那些被隨機的事情誘惑的時刻。這可能是突然的衝動造成的反應、因應他人請求的結果，或發生意外導致的情況。一律記下所有被誘惑的時刻，無論你最後是否有行動。

以下是隨機行動的典型範例：

- 每跳出一則新的通知，你就放下手邊的工作查看電子郵件。
- 花時間處理各種瑣碎小事，把承諾要做的重要專案擱在一旁。
- 客戶打電話提出請求，你放下手邊的所有工作去處理。
- 腦中突然冒出了新點子，於是你立刻開始研究。
- 老闆丟了一些工作到你桌上，你就放棄了當天的所有計畫。
- 某人推薦給你一個網站，你立刻停下手邊的工作，花四十分鐘瀏覽。
- 你想起某件忘了做的事，於是匆忙處理。

隨機的行動有無窮的可能性，這還只是其中幾個例子而已！

這些例子都有個共同點，就是你對隨機的刺激立即做出反應，沒有保持距離並建立秩序。換句話說，你沒有任何的緩衝。

緩衝的建立，取決於是否能明確判斷某件事的緊急程度。必須留意，面對這種問題很容易自我欺騙，而且人們往往會對「判斷工作的急迫程度」這件事抱持抗拒。因此，我希望你能用開放的心態閱讀以下內容。你也許會發現，自己有點抗拒其中的某些觀點——請準備好挑戰你的成見。

就時間管理的目的而言，我將緊急程度分為三種等級：

- 立即
- 當天
- 明天

請留意，這些等級和任務的重要性完全無關，只跟你預設的緩衝時間多寡有關。理想的情況是收集所有的行動，留待明天處理。這讓你能夠完整規劃一天的工作，同時又不會失去快速回應的能力。不過，有些事項需要快點回應，則會被歸類到「立即」或「當天」。我們依序來討論每種緊急程度的等級。

立即：馬上做

只有需要你放下手邊所有事情、立刻集中注意力的事項，才屬於「立即」這個等級。有些人的工作本身就是採取這類立即行動。如果你是消防員或護理人員這類緊急服務人員，你工作的很大一部分就是立即回應緊急情況。如果你是店員或銀行、郵局的出納人員，你的工作也包含提供即時服務。

這些工作有個值得注意的點：它們的組織都是為了提供即時回應。雖然緊急情況或店裡的客戶都是隨機的，但針對情況或客戶而給予的回應絕非隨機。這些工作的組織結構，會賦予這類情境某種秩序。緊急服務的部門會有溝通管道與流程，並配置經過適當訓練的人員與設備。而商店、銀行與類似的組織，也都有相應的程序，以及受過訓練的員工。

如果這些組織在提供即時回應方面出現了問題，那就不是時間管理問題，而是組織問題。如果救護車需要兩小時才能抵達事故現場，那是因為救護車調度不佳、數量不足、人力不足，又或是人員訓練不足。這些全都是組織的問題，並不屬於時間管理的範疇。如果郵局的隊伍在街上排了一百多公尺，那是因為櫃檯數量不足、員工人數不足、員工訓練不足，又或是流程過於繁複。一切都是組織的問題，而不是時間管理問題。

那麼你的工作內容中，有多少是需要立即回應的工作呢？請誠實回答自己。有多少工作**需要**立即回應？又有多少工作需要**立即**回應？請記住，所謂的立即回應，代表你會放下其他一切，只為了回應這件事情。

測驗

以下哪一種情境，應該立即回應？

1. 你的電話響了。
2. 你接起電話，客戶打來問個簡單的問題，而且你知道答案。
3. 你接起電話，客戶打來問某個你需要研究一番才能回答的問題。
4. 窗邊竄出煙霧，火災警鈴開始大響。
5. 你的電腦響了，跳出「你有一封新郵件」的通知。
6. 老闆丟了一堆工作到你桌上，說今天下班前就要完成。

7. 某人告訴你辦公室的影印機壞了，因為你是唯一知道如何修理的人。
8. 你的電腦無法開機。
9. 你突然想到，你忘了摯友的生日。
10. 老闆寄來一封郵件，信中寫道：「我想知道你對這件事的看法，今天下午有個會議要討論這個主題。」
11. 同事來到你的座位，開始聊起他的假期。
12. 同事來到你的座位，告訴你某項重要專案的最新進度。
13. 下午有個重要的會報，你已經快來不及準備了。某位客戶突然打來請你幫忙處理某個重大危機，這件事早上就得處理好。
14. 有位民眾打來詢問產品的詳情。

☑ 答案

1. **接聽**電話是立即的工作，除非你正在處理需要專注的工作，決定完全不接電話。決定完全在你。如果電話太多是個問題，那會是一個需要另外處理的組織問題。

2. 緊急的程度並不是取決於你能否回答問題，而是取決於問題的**內容**。不過，有時候你也可能不假思索就可以回答，那麼立即回應就會是更快且簡單的處理方式。

3. 這並不屬於「立即」的類型，除非來電者是在事故現場尋求急救建議。緊急的程度是取決於電話的**內容**，而不是因為這是一通電話。

4. 這絕對是緊急狀況。此時，你需要立即回應！

5. 這絕對不是需要立即採取行動的狀況。事實上，我建議直接把電子郵件的通知關掉。

6. 這確實有必要**快速**回應，但沒必要**立即**回應。

7. 你的工作可能會被打斷，不過這或許值得立即回應。被這類詢問打斷工作，其實是組織問題，所以你也需要以組織的角度提出問題：「為什麼我是唯一一個知道如何修影印機的人？」

8. 這絕對需要立即回應，因為你其他的工作全都仰賴電腦。

9. 這也許值得快速回應，但並不需要立即回應。歸根究柢，你一開始為什麼會忘掉朋友的生日呢？因為你的工作欠缺系統與秩序，這就是原因！

10. 這需要快速回應，但不需要立即回應。

11. 一般來說，我們會預期這類打岔只會花幾分鐘，所以立即回應是沒有問題的。但如果這樣的打岔對你來說是個問題，請記得，你需要的不是時間管理的答案，而是組織性的解決方案。

12. 如果這會花超過幾分鐘的時間，最好另外安排時間好好討論。

13. 這種情境需要立即回應，但並**不是**針對危機本身！你該有的立即回應是花一、兩分鐘的時間，找出這個狀況背後的意義，必要時安排其他人幫忙處理會報的準備工作，這樣就能用有條理且理性的方式應對危機。

14. 立即提供回應。但如果你會接到大量這類型的來電，重要的是花點時間思考，找出以組織性方式回應的最佳方法。

當天：盡快做

我們最難清楚區分的，就是「需要立即回應」與「當天盡快回應即可」的事情之間的差異。乍聽差別不大，但在時間管理上有著極大的不同。

基於分類的目的，我對「當天」的定義是：不需要立即處理，但需要在當天找時間處理的事情。這定義純粹出於實用的考量。關鍵在於，如果你需要當天就做出回應，就表示你在預先規劃這天時，無法把這件事納入計畫。因此，需要盡快回應的工作其實極難掌控。

從時間管理的角度而言，「當天」的事項其實比「立即」的事項更難處理。如同先前所討論的，需要「立即」回應的事項是組織的問題，而非時間管理的問題。而發生意外緊急情況的時候該怎麼回應，答案也很明顯：如果大樓火勢兇猛，你不會坐下來考慮什麼優先順序——衝出大樓就對了。

當然，上述情境是假設你能正確區分「立即」與「當天」。工作零散與失焦的其中一個主因，就是未能區分這兩者的差異。許多人習慣對每一件事立即反應，無論是否真的緊急。這代表當新的事情占據他們的注意力時，無論原本正在處理什麼，他們都會立刻把這些工作丟在一邊。又有另一件事情吸引他們的注意力時，這件新的事情又會被棄置。換句話說，他們和懶散喬沒兩樣。

我們必須自我訓練，讓自己與需要盡快回應的事情保持一定的距離。我們需要這樣的緩衝才能建立秩序。在前面練習第13題的答案中，我示範了面臨需要快速回應（但不是立即）的危機時，能夠創造緩衝的方法。請留意，如果一個人對於危機的反應是立刻行動，極可能是在高壓與恐慌的狀態下胡亂應付。反之，如果他們的立即反應，是把所有需要做的事情先寫下來，這樣就能創造出緩衝。接下來，他們就能用有條理的方式來處理危機，而不是直接做出反應。

這麼做有其必要，因為我們在僅憑反應行事或依條理秩序處理時，大腦中主導的部位並不相同。處於反應模式時，大腦的原始部分（例如腦幹）會主導我們的行為；而處於有條理秩序的模式時，大腦中經過演化的理性部位（例如新皮質）就會占據主導地位。

面對真正的緊急狀況，反應腦很有幫助，但在試圖擬定一套理性行動計畫時，反應腦確實就會妨礙我們思考。有了緩衝的空間，就可以讓大腦從反應模式轉換為理性思考的模式。

想做到這點，其中一種好方法是把預計要做的事寫下來。書寫本身就是一種更高思維層次的活動，可以讓我們自動轉換成更理性的狀態。你也可以體驗看看：觀察你的想法，等待某個衝動浮現在心中，可能是類似「我需要喝杯咖啡」或「那個連結看起來很有趣」的衝動。接著，不要直接出門買咖啡或點擊連結，而是寫下「買一杯咖啡」或「研究這個連結：http://qrcode.bookrep.com.tw/markforster」。然後觀察自己寫下衝動後，發生了什麼。如果你還是去買了咖啡或研究了連結，就不再是衝動之下的行動，因為那是經過理性思考後的決定。不過你更可能會覺得不值得這樣打斷手邊的工作，結果決定把衝動擱置。

你必須為自己定下這樣的規則：每發生一件你認為需要快速回應的事，就把它寫下來。列在另一份清單是個不錯的方法。把事情寫下來，也可以幫助你決定這些事是否確實需要當天快速回應，還是留待明天處理也無傷大雅。養成寫下來的習慣是關鍵，因為在預先規劃一天時，無法將當天才出現的事項納入規畫。這代表急需當天處理的事項必須控制在最低限度的數量，才不會影響你原本設定的工作目標。如果做不到這點，你一天的工作就會充滿隨機因素，而且別忘了：隨機因素會對工作帶來最具破壞力的影響。

我之後會詳細說明，如何寫下這些事才能發揮最佳的效果。

測驗

以下哪一種情境，應該當天回應？

1. 你還沒開始寫某份報告，但截止時間是今天下班前。你原本有一週的時間可以完成，但你遲遲沒動手。
2. 某位客戶來電，請你寄給他某些資訊。這些資訊你原本就有，而且已經整理到某個資料夾中，現在只需要用電子郵件寄給對方就好。
3. 某位客戶來電，請你寄給她某些資訊，但你還需要另外花時間研究。
4. 老闆丟了一堆工作到你桌上，要求今天下班前完成。
5. 老闆丟了一堆工作到你桌上，要求這些工作都要在本週結束前完成（今天是週二）。
6. 你的電腦出現了某個讓你心煩的小問題，雖然不至於無法工作，但是一直造成干擾。
7. 朋友寄來一封電子郵件，信中寫道：「你一定要看看這個，這個網站你一定感興趣。」

8. 某位同事寄給你一封電子郵件，信中寫道：「你一定要看看這個，上面有很多專案X需要的資訊。」

9. 某位同事寄信詢問你一個並不緊急的問題，你只需要簡單回覆幾個字。

10. 某人帶來大量的資料，你為了完成一份重要的報告，一直在等這些資料。

☑ 答案

1. 既然這項工作需要在下班前完成，那你最好今天處理，不是嗎？你最開始為何要讓自己陷入這樣的窘境呢？這是一個偽緊急的例子，也就是說，這項工作之所以緊急，只是因為你沒能及早完成。這種情況會對你的工作時間造成極大的破壞，你必須盡可能避免。幸運的是，這本書接下來將告訴你如何避免！

2. 既然沒有任何跡象顯示這個要求的急迫性，就不需要當天回覆了。請記住，緊急的程度與要求的內容有關，而與這項要求是否透過電話傳達無關。

3. 答案跟問題2相同。但請注意，如果這兩種要求的情境有任何一個是緊急狀況，不管你是只需要寄出一個檔案還是查詢資料，都必須在當天內回覆。緊急的程度與需求的內容有關，而非完成需求的難易度。

4. 如果你不想丟了工作，最好是當天處理。但如果原本手上的工作也必須當天完成，你可能需要向老闆確認，新交辦的工作是全部都很緊急，還是只有部分緊急。

5. 這當然不需要當天就回應。

6. 既然這不會讓你無法工作，就不需要當天回應。雖然今天就處理可能也有它的優點，但是效益絕對比不上把某項隨機因素加進一天裡所造成的破壞力。更何況處理任何電腦故障的時間，都絕對比你預期的多出十倍以上。

7. 你明天還是會對這個網站感興趣，不需要今天就查看。

8. 沒有任何跡象指出專案X很急迫，所以不需要當天就採取行動。

9. 請記住，回應的緊急程度取決於請求是否緊急，而不是回應的方式有多簡單。我當然不會說自己從來不在當天回覆這類郵件，但通常這樣做最後都會後悔，因為只要開始回信，我就會繼續回其他人的信。此外我也發現，太快回覆某封電子郵件，很可能會導致同一串電子郵件一整天像是對話一樣反覆出現。我的建議是，除非同事說這很緊急，否則不要當天回覆。

10. 問題中說這份報告很重要，但是沒有任何跡象指出這很緊急。這並不需要當天就回應，雖然你可能會忍不住想行動。請抗拒誘惑，不管它多重要，隨機因素就是隨機因素！

明天：大多數工作最好明天做

理想的情況下，所有工作都應該落入這個類別才對。為什麼這很重要？因為這是你可以事先規劃的事項。在規劃一天的工作時，這些是你事先已經掌握的工作。時間管理的其中一項重要秘訣，就是不要賦予事情超過實際狀況的急迫性。永遠不要對任何事情立即反應，除非是真正緊急的狀況，或你的工作就是需要立即回應，並且工作流程也設計成如此。永遠不要在當天就處理某件事情，除非當天不處理、隔天會出大問題，而且那必須是**重大**的負面影響，因為不在當天處理事情的優勢，通常遠遠勝過迅速反應帶來的些微好處。

你應該讓「明天做」成為你的「預設反應」。你應該有所準備，只有非常強力的理由，才能讓你改變這個設定。如果你還有疑慮，這件事就等明天再做！

請記得，一旦你把某件事歸類為「立即」或「當天」的緊急程度，它就會變成這一天的隨機因素。而把某件事歸類為「明天」的緊急程度，這件事就能好好規劃，而不再是隨機發生。我要再次強調，盡可能將大多數工作都歸類到這個類別的重要性。

測驗

以下哪些事情，應該被歸類到「明天」的類別？

1. 去辦公室的途中，你想到一個不錯的點子，想進一步好好思考。你不想錯過這個好點子。

2. 參加完會議後，你記下許多行動的重點、放進公事包，然後帶回辦公室。
3. 比爾・蓋茲親自致電，說他正在考慮將你的產品附在每份Windows軟體中。他想知道你可以多快給他提案。
4. 你注意到電腦的時間設定成了錯誤的時區。
5. 你無法決定某件事情需要今天完成，還是可以明天再做。
6. 你收到某位客戶的語音留言，請你回電給她。
7. 你注意到辦公桌的抽屜變得很凌亂。
8. 你在一天內收到了一百零六封電子郵件。
9. 同事急著向你要報告需要的一些數據，因為他「必須在今天完成」報告。
10. 某位客戶請你寄給他一些數據。

☑答案

1. 把它記下來，明天再好好研究。
2. 把公事包內的文件都拿出來，放到代表明天處理的收件匣中。
3. 這是你這輩子都在期待的大好機會。你不需要計畫或決定優先順序，去做就對了。你會希望跳上最快的一班飛機，帶著完整的簡報去他的公司總部提案。
4. 記下來，明天再處理。
5. 「明天再做」是你的預設反應，只有在理由非常充分時，才能改變這個設定。如果你不確定，那就「明天再做」。
6. 除非客戶有指出這是緊急的事情，否則就記下來，明天再回電。
7. 請注意！這正是人在抗拒重要工作時會做的事情。正確的答案是：記下來，明天再整理。
8. 如果你不留心，回覆這麼大量的電子郵件可能會耗掉整天的時間。注意一下收到的信件是否有真正緊急的事情，然後把其他的信件留到明天批次處理。這是迄今為止處理電子郵件最快的方法。

9. 「我必須在今天完成」這句話通常表示「我把這件事拖到最後一秒」。不應該讓對方的沒效率破壞你的一天，所以請告訴對方，你明天才能給他數據。

10. 告訴他：「我明天一定會提供給你」。

我們來看看，如果搞錯事情的緊急程度會發生什麼事。

在判斷事情的緊急程度時，人們普遍會犯兩種錯誤。第一，是把太多的事情歸類為立即處理；第二，是把行動推遲到未來某個號稱「以後」的神祕時間點。而事實上，許多人實際工作時也只分兩種類型：不是「立即處理」，就是「以後再說」。這種做法的問題在於，他們憑經驗可以判斷，如果將某件事推遲到「以後再說」，這件事就極可能無限期推遲下去。作為補償，他們動不動就把事情歸類為立即處理，彷彿這樣就能確保事情會完成。很不幸的，這會破壞用有序且具條理的方式處理事情的機會，進而導致**所有事情**都無法順利完成。

把太多事項歸類在「立即」的類別，是很嚴重的問題。當人們試圖立即處理事情時，最終只會讓自己忙得團團轉，並對每個刺激作出反應。這會產生一種熟悉的支離破碎感，讓許多人的工作日備感壓力。懶散喬就是很好的例子，他誤把每件事都視為必須立即處理的緊急事項。為了滿足每個人，他對每個人的需求都立即採取行動，最後卻只能提供比酷米克糟糕的服務，而酷米克則毫不掩飾自己不會立即行動的立場。

「立即」程度的緊急狀況，必須僅限於緊急服務，或諸如與客戶面對面的服務、諮詢專線、訂購專線等情況。除此之外，只有真正始料未及的緊急狀況才應該被歸為這個等級。一般而言，需要立即處理的緊急事項，並不屬於時間管理問題。如果會造成問題，那通常也是組織問題，或健康、安全方面的問題。

「當天」的事項，則會造成相當嚴重的時間管理問題。它們發生得相對頻繁，而且因為無法預測，會為一天引入破壞性的隨機因素（如果能被預測，它們就不會變成「當天」的事項了，因為可以事先規劃）。如同我一直強調的，將這些事項維持在最低的限度極其重要。這個最低限度取決於工作的性質，並且往往涉及某種權衡取捨。天秤兩端的選擇是：究竟要以打亂其他工作為代價、迅速處理某件事情，還是在隔天以不造成干擾、有條理的方式處理它。

◆練習

每一種工作與情境，在這三種緊急等級之間的平衡都不同。現在，請花點時間分析你的工作，看看那些**不在計畫中的**工作，這三種等級所占的比重各是多少。你需要檢視的，是這些工作**應該**被歸類到哪個等級（而不是你目前實際的歸類）。在下面寫下計畫外的工作中，各緊急等級大致的百分比。寫完答案後，請閱讀下方的重點說明。

A. 我有多少工作需要立即回應？……………%

B. 我有多少工作需要當天（但不用立即）回應？……………%

加總：A＋B＝……………%

其餘的工作（不需要立即或當天回應）……………%

重點說明

如果你在「需要立即回應」的工作寫了很高的百分比，那你的工作應該屬於直接提供服務的性質，例如緊急應變服務、保姆、廚師、店員、出納員等等。如果你的職業不屬於上述類別，那你可能誤解了「立即回應」的定義。請重新閱讀本章內容！

如果你的工作中，「需要當天回應」的工作占了很高的比重，那你就需要捫心自問，自己的工作為什麼那麼緊急了。是因為你常在救火嗎？是因為系統運作不佳嗎？是因為你負責收尾，卻被其他人的沒效率拖累嗎？或者，你的職場是否存在著「立即回應」的不合理文化？你的老闆是否會提出不合理的需求？請記得，每一項落入此類別的工作，都只會讓妥善管理工作變得更困難。

如果大多數的工作都不屬於需要立即或當天處理的類別，那你就處在讓工作井然有序的良好立足點上。你應該還記得公式：效率＝創造力×秩序。了解自己的工作屬於哪個等級，是提高秩序感的關鍵一步。變得更有秩序有助於釋放創造力，從而發揮最高的效率。

真的急到要馬上做？

我的觀點常被一些人質疑，他們會說自己的工作都太緊急了，不可能等到明天再做。如果他們確實都迅速且有效地處理所有工作，那我對此沒有異議。但一旦深究，我通常都會發現，他們總是緊急處理某部分工作，其餘工作的進度卻嚴重落後。太多工作都是匆忙處理，最終反而會對其餘的工作造成不良的影響。這是一種回應失衡的狀態：對於任何被交辦的工作，不是立即回應，就是很久都不回應。我的建議是，應該讓回應標準化，才能在隔天採取一**切可能的**行動。這將大幅加快那些人平均的回應時間。

如果你跟大多數的人一樣，那你可能是用毫無章法的方式處理工作，回應時間各有不同且落差範圍很大。有些工作立即完成，有些當天內完成，有些隔天才完成，有些則要拖更久，還有些最後甚至根本沒完成。某些工作是如何安排完成的時間，背後也沒有任何特定的規律或理由。想避免這種混亂又令人不滿的狀況，我在本書提出的建議是，工作應該只在兩種時間採取行動：今天或明天。而我強烈建議明天再做。

現在，我要說明如何達成。首先，你需要了解時間管理工具中最有效的一種——封閉式清單。這也是下一章的主題。

第 7 章

關鍵武器：封閉式清單

封閉式清單，
是藉由設定限制來提升工作效率的方法。

把大部分工作歸類到「明天再做」的一大好處，就是可以充分發揮封閉式清單的優勢。在那兩個修車廠的例子中，懶散喬完全沒用到封閉式清單，酷米克則利用封閉式清單處理了每件事。善用封閉式清單，正是酷米克的效率大勝懶散喬的主要原因。

我在第2章中討論限制時，已經談過封閉式清單的一些細節。封閉式清單，是藉由設定限制來提升工作效率的方法。相對於開放式清單，封閉式清單更容易解決。在第2章中，我也介紹過如何利用封閉式清單的原則，來清掉積壓的工作。

現在，我們來看看如何用封閉式清單掌控一天。大多數人在控管工作時極少利用封閉式清單，反而仰賴開放式清單。開放式清單最常見的形式，就是傳統的待辦清單。

待辦清單之所以是開放式清單，是因為可以在清單上添加任何事項。清單最下方並沒有終止線。一天剛開始時，清單上可能有二十項工作，隨著一天過去，你處理了某些事，卻同時不斷在清單尾端加進新的事。多數人都有過這種經驗：整天都忙著處理待辦清單，一天結束時，清單上的事項卻比剛開始還多。

想維持工作的條理，開放式清單是最讓人頭痛的問題之一。如果新的工作不停湧入，想完成工作幾乎是不可能的。而你通常會精挑細選出當下噪音最大的工作，然後把其他的工作都放到一旁，留待「以後再說」。最後，那些沒處理的工作必然會堆起來、變成積壓的工作。

所以，開放式清單指的就是一組不限制新事項加入的事項集合。這就像一個正在積極招募新會員的俱樂部。舊會員的權益會被稀釋，還可能會聽到他們抱怨，現在俱樂部的會員怎麼都是生面孔！

封閉式清單則正好相反。這是一組禁止新事項加入的事項集合。就如同不收新會員的俱樂部，當舊會員都相繼離世，這個俱樂部也就會漸漸消失了。

我們先前已經知道，查核表是一種封閉式清單的例子。要執行一項新任務，把任務分解、整理成一份查核表，是個不錯的方法。請注意，查核表並不會增加完成全部工作所需的工作量。無論查核表多詳細，它仍然受限於原本任務的封閉世界。酷米克為每輛要維修的車設計了一份查核表。因此，他每天的工作都是一份封閉的汽車清單（安排在當天維修的車），而每輛車都有一份查核表。他只需從第一輛車開始，根據查核表完成工作，接著處理第二輛，依此類推。這跟懶散喬形成了鮮明對比，懶散喬的維修廠隨時會出現新的車要維修，但每輛車都沒有查核表。結果就是，懶散喬的工作總是雜亂無章。

還有個能看出兩種清單對比的好例子，這種情況通常會發生在收假、回到工作時：你發現自己放假不在的期間，電腦收到了數百封新郵件。

如果採取「開放式清單」的做法，你就會優先處理那些看起來特別緊急、重要或吸睛的郵件，然後擱置其他郵件，通通留待「以後再說」。接著新的郵件又開始出現在收件匣中，而你永遠都趕不上進度。直到你下一次休假，現在的這些郵件有些甚至可能都還沒被處理。

反之，如果用封閉式清單的方式處理這些郵件，會怎麼樣呢？你會如何處理？你會把所有休假期間收到的電子郵件都下載，然後離線、集中精神一次處理整批電子郵件。這可能得花上幾個小時，但是你很可能會發現，比起不去度假、一收到電子郵件就立即處理，批次處理反而更省時。

封閉且批次處理電子郵件，是目前最快速的方法。收集工作、批次處理的優勢，並不限於電子郵件。把相似的事情分組並批次處理，一直都是最有效率的工作方式。如果你有過必須打大量電話的經驗，就會知道最快且最有效率的方法，是把所有要打的號碼整理成清單，依序撥打。如果沒人接聽，就接著撥下一個號碼。打完一輪後，再回頭依序處理那些第一次沒打通的號碼。

其他日常中的封閉式清單例子還有：

- 列出納稅申報需要檢附的各種文件的查核表。
- 晚上離開辦公室前該做的任務清單（例如：關上檔案櫃、關掉電腦、打開保全系統）。
- 購物清單。

這類封閉式清單，能讓工作變得更容易。酷米克的工作就比懶散喬輕鬆許多。不僅如此，酷米克還能完成更多工作量，客戶獲得的服務品質也更好。

現在，我們來看看封閉式清單最重要的其中一個特性。

想像一下，你擁有完整、空白的一天，只需要完成一份包含二十項任務的清單。期間保證不會被打擾，清單也不會多出任何事項（呃，我都說這是想像了嘛！）。清單上的事情彼此獨立，也沒有任何一項是緊急到必須在今天結束前完成的。

只要完成這份清單，你就可以回家了，但在沒完成之前都不能離開。

在想像的情境中，可以看到清單上列的事種類繁多。有些比較龐大，有些比較困難，有些比較令人不快，有些比較緊急，有些則比較重要等等。

在你繼續往下讀之前，請先回答這個問題：處理清單最佳的順序是什麼？請勾選出你覺得最好的答案。

- 先做最困難的
- 先做最簡單的
- 先做最緊急的
- 先做最重要的
- 先做最小的
- 先做最大的
- 先做最不想做的
- 先做最想做的
- 按照寫下來的順序做
- 其他：＿＿＿＿＿＿

你覺得怎樣的順序最好？如果你還沒選出答案，請現在回答。

我在研討會上提出這個問題時，通常會從聽眾那裡得到所有這些可能的答案。

我的答案是：順序並不重要。如果最終會完成清單，那無論順序如何都無妨。你可以用最適合自己的順序處理。但請注意，這只適用於你會完成這份清單的前提下。

如果無法完成清單，那麼處理的順序不只非常重要，甚至會成為關鍵。隔天你會有新的清單，最上面留有舊清單的事項。日復一日這樣下去，你就會發現一個問題：如果一直用同樣的原則決定哪些事要優先處理，有些事就永遠都不會處理了。

因此，如果你總是優先處理最緊急的事，不緊急的事會如何呢？除非那些事緊急到引起你的注意，否則它們不會被處理。

如果你總是優先處理最重要的事，最不重要的事會如何呢？除非那些事出了差錯，讓你不得不重視，否則它們不會被處理。

如果你總是優先處理最簡單的事，那任何困難的事情就都不會有進展了，因為你永遠都能找到簡單的事情做！

這種情況的唯一解法，就是確保自己一定會完成清單上的所有事項。如果能夠做到這點，完成的順序就無關緊要了。這就是為什麼「不承攬超過能力範圍的工作量」如此重要。你每天的工作量都必須保持平衡。而使用封閉式清單能更容易保持平衡，我們接下來會進一步探討。

假設清單終究會完成，且其中沒有任何一件事必須以完成另一件事為前提，那麼用任何順序去執行都可以。在處理封閉式清單時，我個人通常會從最簡單的開始處理。如果是整批電子郵件，我會嘗試先清掉完全不值得花心思的郵件，接著從頭瀏覽一次，從內容較簡單的郵件開始處理。經過幾輪處理，就只剩下兩、三封需要深思熟慮再處理的郵件了。這種處理方式最棒的點在於，未處理郵件的數量會快速減少。

前面我曾提過，積壓工作的問題也能用封閉式清單的原則來解決。我偶爾也會發現，基於某些原因（通常是因為行程排太滿），我的工作進度落後，而且很難趕上進度。這對我來說尤其惱人，因為通常我都能完全掌控工作，而工作落後的感覺既讓我厭惡，又耗盡精力。掙扎幾天後我決定，是時候「確認積壓工作範圍」了。我把所有未完成的工作都放進一個名為「積壓工作」的資料夾，讓一切重新開始。馬上就感覺如釋重負！當然，資料夾裡的積壓工作還是必須清掉，但我把這項工作視為「當前計畫」（請見第10章），不出幾天就清理完畢。

如果你曾經嚴重負債，就會知道債務和積壓的工作有很多共同特點。把債務看成是金錢的積壓，你就會意識到：處理債務的方式，就跟處理任何積壓事項差不多。

很多有債務問題的人，行為表現就跟積壓工作的人一模一樣。他們拚命還債，同時卻不斷有新支出，債務因此越滾越多。不管多努力，問題都始終無法改善。在這種情況下，人有時會竭盡所能地尋找新的資金來源，並試圖找到能快速償還債務的致富之道。同時他們仍然不斷花錢，因為與巨額的債務相比，每筆花費都顯得微不足道。他們所做的，就只是火上澆油。

我們來試試運用封閉式清單原則來擺脫債務。就如同處理積壓工作，我們的第一步就是完全控制現有債務。這個步驟往往非常痛苦，需要付出一些努力，例如停掉所有信用卡，並下定決心無論如何都不再讓債務增加。處理積壓工作的下一步，是確保自己能應付新出現的工作。同理，清除債務的第二步就是降低目前的開銷，讓收支可以平衡。唯有做到這點，才不會繼續增加新債務。至於最後一步，則是開始清除積壓的工作。以債務來說，就代表開始還債。這需要時間和決心，但至少現在能做得到了。如果不按照正確的順序進行，想還完債幾乎不可能。

測驗

以下哪些屬於封閉式清單？

1. 你的車出現一些小故障，但都沒有嚴重到需要特地把車送去維修。所以你在電腦裡整理了一份故障清單，每當故障發生時就記錄下來，目的是在下次車子進廠保養時，能夠一併維修。

2. 你的工作進度嚴重落後，但已經安排好下週要度假。你坐下來，整理出所有去度假前必須完成的工作清單。至於清單以外的其他工作，就只能等你回來再處理了！

3. 你好幾次沒帶鑰匙，讓自己被鎖在家門外。所以你養成習慣，在準備出門時自己複誦：「錢、家裡鑰匙、車鑰匙」。

4. 你把今天要做的事整理成一份清單，但早上多出了兩、三件新增的事項，於是你把它們加到原本清單的下方。

☑ 答案

1. 這是封閉式清單的例子。雖然直到車輛保養前，新的項目會一直加上去，但是在清單終止前，都不會採取任何行動。開放式清單的一項決定性特徵，是在採取行動的同時仍持續加入新的事項。
2. 這是封閉式清單的好例子。在這個情境中，你藉由設計一份封閉式清單，讓自己更專心處理真正需要完成的事。
3. 你設計了一份簡單的查核表幫助記憶。這也是一種封閉式清單。
4. 這取決於你如何加上新事項。如果你只是單純把新的事項加到清單內，然後用處理其他事的相同方式來處理新的事，那你使用的就是開放式清單。另一方面，如果你在原本的清單下方畫上一條線，然後把新增的事項列在線的下方，最後才處理這些事，那麼原本的清單就仍然是封閉式清單。後者會是更有效率的做法。

在下一章中，我們將討論一種巧妙運用封閉式清單的方法，這套方法可以讓你每天都能完成當天的工作。我稱之為「明天再做原則」，也可稱為「用明天做的方式完成所有事」的藝術。

第 8 章

明天再做的原則

這是一門藝術：

明天再做，就能讓每件事都完成。

我們先來複習一下。在前面幾章中，我們探討了提升對日常掌控度的兩種方法：

1. 盡量避免當天採取行動。
2. 善用封閉式清單。

巧妙結合這兩項原則，就形成了我說的「明天再做原則」——一種「藉由把事情放到明天做，來完成所有事」的藝術。我們的座右銘會從「今日事，今日畢」變成「今日事，明日畢」。

當然，這句俗諺的本意是說，如果總把事情拖到明天，將會一事無成。但我的建議卻不是如此。我反而認為，應該收集一天中新出現的所有工作，並在隔天採取行動。換句話說，要留出一天作為緩衝時間。

這種工作方式有諸多優點，最簡單的說明，就是拿我們平常的工作方式做比較：

明天再做原則	平常的工作方式
自動形成封閉式清單	缺乏封閉式清單
以系統化的方式處理新的工作事項	以隨機的方式處理新的工作事項
盡量減少干擾	持續造成干擾
輕易就能規劃一天的工作	很難規劃一天的工作
每天完成平均一天的工作量	實際工作量與平均一天的工作量脫節
進度落後時，能輕鬆判斷問題出在哪	就算進度落後，也看不出問題出在哪
每一天都能做完工作	永遠都做不完工作

我建議，可以把一天的工作匯總起來，在第二天批次處理。工作又可以依照類型是否相關，分為幾批行動，例如電子郵件、語音信箱、紙本文件或任務等等。

讓我們仔細看看如何做到這一點。

電子郵件

對某些人來說，電子郵件是個大問題，而有系統地處理電子郵件的重要性不容忽視。不幸的是，由於電子郵件本身的特性，人們很容易用隨意、零散的方式去處理它。

我們已經討論過處理電子郵件的最佳方法：把一天收到的郵件集中起來，之後批次處理。若使用「明天再做原則」，一天就只需要清一次電子郵件。

電子郵件最大的優點就是只會出現在一個地方，順序也已經排列好了。也就是說，每天只處理一天份的電子郵件是很容易的事，因為所有的郵件軟體都會依據日期和時間自動排序郵件。

新版的Outlook軟體讓這件事變得更容易了。我自己則使用名為Nelson Email Organizer的軟體，是一個和Outlook整合的附加程式，可以自動幫電子郵件歸檔。它有個自動處理功能，會把所有昨天的信件都歸到另一個獨立的資料夾中。然後我再設定篩選器，把處理完的郵件自動移除。這有助於我維持動力，因為清單會隨著我的處理逐漸變短。有了這個方法，大幅降低了我每天花在處理電子郵件上的時間。

語音信箱

你可以用和處理電子郵件相同的方法來處理語音信箱，在收到訊息的隔天再採取行動。如果你是接電話的人，請記得，行動的急迫性取決於內容的緊急程度，而不是因為那是一通電話。一般情況來說，只要回覆來電的人「我明天會處理」，就足夠了。如果根據過去的合作經驗，對方知道你確實會在隔天完成，那麼在他們眼中，你可能已經比他們聯絡的大多數對象做得還好了。

那該如何記錄所有你承諾明天要做的事呢？當然是寫下來。我們稍後討論「任務」這類事項時，會說明該把工作事項記錄在哪裡最好。

文件

過去，辦公室的工作大部分都屬於「紙本作業」。還記得剛踏入職場時，並沒有傳真、電子郵件或語音信箱，打長途電話還需要先經過某個特殊的接線生。電腦問世時，人人都以為離「無紙化辦公室」的日子不遠了。但我只能說，買下人生第一台電腦的那天，也是我開始以令為單位購買紙張的日子。看看現在，我買紙都是一箱五令在算的！

從我開始工作以來，至今出現的職場偉大發明還有影印機、雷射印表機和噴墨印表機。當然，這一切發明帶來的結果就是，現在我們不只擁有各種新的溝通管道，還擁有比以前更多的紙張。

紙張會帶來兩個主要問題：如何用有效率的方式處理，以及如何歸檔。我在第15章討論到工作系統時，會提供一些歸檔的建議。而在本章，我會先把重點放在如何有效率地處理紙張。

文件不像電子郵件，這些紙張不會只出現在固定的地方，也不會按順序排列。談到紙本文件，我們都會想到信件。但事實上，信件可能還不是我們必須處理的主要對象，因為紙張每天都會從各種不同的地方冒出來。你參加完某個會議，可能會帶回滿滿一個公事包的文件。你可能會列印電子郵件的附件，也可能會寫下有關專案或想法的筆記。你可能會從辦公用品的供應商那裡拿回幾張紙本發票。你可能會收到其他部門提供的資料。在回信之前，你也可能需要先打草稿。

這些文件往往會散落在各處。如果你在家工作，那文件很容易就會堆放在家裡的各個角落。雖然狀況可能不一定相同，但同樣的事情也很容易發生在辦公場所——公事包會不知不覺變成行動的文件堆積處。

妥善管理紙本文件的第一步，就是為新增的文件建立一個收集中心。最簡單的辦法，就是準備一個收件籃。當然，很多人本來就有收件籃，但不幸的是，他們通常都把收件籃拿來放那些來不及處理的文件，所謂的收件籃，實際上其實是待處理籃。為了有效管理文件，必須重新確立收件籃作為文件收集處的關鍵功能。除了新出現、等待批次處理的文件，收件籃內不應該有其他東西。

如果沒有設置適當的收件籃，就永遠不知道新出現的文件該放在哪裡。你也不會想把文件放到所謂的「收件籃」，因為那只會變成另一堆未處理的文件。如果你不知道該拿某個東西怎麼辦，這個東西就會阻礙流程，讓你迷失方向。

一旦你重新確立收件籃的正確使用方式，就會知道怎麼回答「如何處理這些紙」這種問題了——答案永遠是「放進收件籃」。正是因為不清楚這點，紙張才會到處堆積。現在，你已經確切知道如何處理收到的任何紙張，堆積的情況應該就會消失了。

不過當然，我們也不是只把紙張放進收件籃，就撒手不管了。我們這樣做，是為了累積一天的紙張，在隔天進行處理。就像我們收集一天的電子郵件並在隔天批次處理一樣，我們也收集一天的紙本文件，在第二天一次處理。

只要收件籃發揮正常的功能，要做到這點應該就不難。每天開始工作時，收件籃理應是空的（請見下文）。你打開信箱，會把沒丟掉的信件直接放進收件籃，然後忘了它們。你開完會、帶回大量的筆記和文件，會把公事包的文件清空、放進收件籃，然後忘了它們。你寫了關於某個專案的筆記，會把這些筆記放進收件籃，然後忘了它們。你收到其他部門給的檔案或文件，會放進收件籃，然後忘了它們。你列印了某封電子郵件的附件，會放進收件籃，然後忘了它們。你外出買了幾件辦公用品，會把購買的發票都放進收件籃，然後忘了它們。而如果收到一份傳真，你會放進收件籃，然後把它忘了。

請記得，你只需要「收集」這一天的文件。在這天工作結束（或第二天剛開始）時，請取出收件籃（A籃）裡面的所有文件，放進第二個籃裡（B籃）。B籃現在裝有昨天收集的所有文件，因此是一個封閉式清單，可以批次處理。處理B籃的文件時，不會有新的文件來干擾你，因為所有新文件都會進入A籃，而你暫時不必處理。

如同電子郵件跟語音信箱，你也必須確認收到的文件是否有當天處理的急迫性。與電子郵件相比，文件需要緊急處理的情況比較少見。請記住這個原則：除非今天不做會導致嚴重的後果，否則都是明天再處理。

任務

目前，我們已經討論過如何處理電子郵件、語音信箱和文件了。這些都是透過不同管道傳入的訊息。如果你的工作有其他主要的溝通管道（例如即時通訊或簡訊），也可以利用相同的原則來處理。

這些溝通內容占據日常工作的很大一部分，但仍然稱不上全部。我們還有太多事需要處理，這些事又可以統稱為「任務」。這個類別，可以廣泛定義為任何與「處理電子郵件、語音信箱、文件或其他溝通管道」不相干的工作。

當然，許多工作任務是源自於溝通的內容。例如，我們可能會收到一封電子郵件，指派我們撰寫報告或承接新專案，可以連同當天收到的其他郵件一起處理。但如果因這封電子郵件而產生的任務規模過於龐大，導致無法連同郵件一起處理，就可以將內容獨立出來，改歸類為「任務」。其他任務也可能源自各種來源，像是某項大型專案的一部分、來自客戶或供應商的需求、我們所做的承諾，或只是腦中突然想到該去做的事。

任務也可能是相對單純、可以一次完成的事，例如：

- 打電話請保險經紀人報價
- 整理書桌的抽屜
- 買生日禮物
- 訂購更多紙張
- 和約翰約定訪談時間
- 把照片寄給喬治娜

或可能是比較複雜的事，例如：

- 為潛在客戶準備會報
- 撰寫有關西英格蘭分部行銷活動的成果報告
- 在伯明罕設立新的培訓中心

這些工作顯然都不可能一次解決，與其稱它們為「任務」，更適合稱之為「專案」。

根據我的定義，專案是一系列任務的結合，並以導向某個期望成果為目的。所有專案都是由一系列任務集結而成，而進一步拆解，每項任務幾乎都能再發展成一個專案。當我們把「撰寫報告」這樣的任務分解成「研究結果」、「發想大綱」、「撰寫前言」等細項時，它就變成了一個「專案」。一項工作應該歸類成「任務」還是「專案」，完全取決於實際執行時，你是否希望一次就解決。

回頭檢視前面的第一份清單就會發現，如果你想，也可以把清單上每個項目再細分成更多任務。在時間很趕，或對事情有一定程度的抗拒時，這個做法特別有幫助。

- 查詢保險經紀人的電話號碼
- 花十分鐘的時間整理抽屜
- 寫下生日禮物的選項
- 上網比較紙張的價格
- 查看可以和約翰訪談的日期
- 掃描照片

同理，第二份清單的專案也都能拆解成「第一步」。通常任何專案的第一步，都是要回答這個問題：「現在需要完成什麼？」而這個問題的答案，通常就可以延伸出不少個別任務。

因此，無論是單純處理一個小任務，還是執行大型專案現階段的步驟，都可以遵循相同的原則：收集一天的任務，隔天再處理。

任務不像電子郵件或文件，它並沒有實體。在被執行之前，任何任務都只是概念而已。要化任務為實體，就必須把它們寫下來。一日一頁的日誌就很適合記錄任務。無論你是被交辦一項任務，或腦中想到該做某件事，需要做的就是在「明天」那一頁把任務寫下來，一天結束時，在明天要處理的任務清單最下方畫條線，代表這份清單已經終止。第二天，你手上就擁有了一份可以批次處理的封閉式清單。

那如果是需要當天完成的緊急任務呢？前面已經提過，不被緊急任務擺布的最佳方法，就是把它們寫下來。如果你是用一日一頁的日誌本在記錄，那麼最理想的位置，就是把這些任務寫在清單尾端終止線的下方。這代表你可以在一天裡任何適合的時間處理這些緊急任務。

把必須當天完成的任務寫在終止線下方，有幾個優點：

1. 能製造一些緩衝，即使這些任務可能需要立即處理，寫下來的動作還是可以避免你直接採取反應性的行動。

2. 在寫的過程中，你也被迫有意識地決定，究竟要把任務列在今天還是明天。

3. 因為你已經在清單尾端畫出了終止線，代表任何加在終止線下方的任務都算是預期外的額外工作。這會提醒你，不要在當天做非必要的事情。

4. 在一天的最後，你可以檢查列在當天終止線下方的任務，思考看看它們放在當天是否合理。

5. 如果你發現自己的這一天非常混亂，幾乎可以確定是因為你跳過了寫下來的步驟，直接就去做了。如果你的某天過得很糟，一定要自問：「我今天做了幾件沒有寫下來的事情？」

在之後的章節，我會更完整探討如何處理專案。目前可以先簡單說明，處理龐大到無法一次完成的任務，基本上有兩種方法：

1. 如同先前提過的，你可以將它拆解成細項的任務、發展成專案。

2. 重複循環進行，直到這項任務完成為止。

重複循環進行也符合「少量而頻繁」的原則，所以這會非常有效率。舉例來說，如果被要求在一週內寫出報告，可以在明天的任務清單中寫下「寫報告」。你那天想花多少時間寫報告都可以，之後再把「寫報告」這個項目繼續列進隔天的任務清單中。

閱讀這種類型的任務，特別適合用重複循環的方式執行。很多人都覺得，要保持閱讀專業文獻的習慣太難了。若想即時掌握自己領域的最新趨勢，這個習慣尤為重要，但生活的步調又太匆忙了，很難抽出時間閱讀。舉例來說，如果你想閱讀《哈佛商業評論》（*Harvard Business Review*）這本月刊，就把「閱讀《哈佛商業評論》」當成一項任務，放進每天的清單中。你可以每天只閱讀當天想讀的範圍。最後你會發現，在下一期的雜誌出刊前，你早就讀完了這期雜誌所有你感興趣的文章。不要試圖在某幾天跳過這項任務，因為重點在於每天都讀一**些內容**。

關於閱讀還有個更簡單的方法，就是重複循環把雜誌放進收件籃，而不是寫在任務清單上。每天閱讀完當天想讀的範圍後，只需要把雜誌放回隔天要處理的A籃。新一期的雜誌出刊後，就把新刊放在舊雜誌原本的位置，然後把舊雜誌丟掉。

測驗

面對以下狀況，你會如何處理？

1. 你收到一封電子郵件，附件檔案很大，信中要求你在一個月後的下次顧問會議之前，先讀過附件並提供意見。
2. 你和客戶吃完午餐後回到辦公室。客戶拿了幾份手冊讓你參考，你在會議中也記錄了一些關於你答應要採取的行動的重點。
3. 你需要知道最新一期《程式新訊》（*Widget News*）的內容，但你已經累積了大約兩個月的週刊沒閱讀，需要補齊進度。
4. 你把一些文件歸檔到自己的「辦公室政策與流程」資料夾時，注意到資料夾已經滿到放不下任何文件了。
5. 同事寄給你一封電子郵件，內容寫道：「你一定要看看http://qrcode.bookrep.com.tw/markforster 這個網站。這個網站太棒了。」
6. 你的老闆要求你安排隔天你們兩人和某位重要客戶的會議。

7. 你決定今年要提早採購聖誕節的禮物。

8. 你希望能展開一些重大的新工作計畫，但目前為止，腦中的構想還很模糊。

☑ 答案

1. 這件事並不緊急，不需要在出現的當天（第一天）就處理。你的最佳行動方案，會是隔天（第二天）處理前一天累積的電子郵件時，連同這封郵件批次處理。然後把附件印出來、放進A籃。隔天（第三天），開始閱讀附件的檔案，並寫下意見的草稿。如果你無法一次讀完整份檔案，就把它再放回A籃，第四天再繼續執行。可以根據需求，重複進行。

2. 把公事包裡的資料都拿出來放進A籃，然後今天暫時拋諸腦後。隔天（第二天），開始閱讀這些手冊（必要的話可以重複循環），然後從你寫的筆記中整理出需要採取的行動，把它們寫到隔天（第三天）日誌的任務清單中。必要的話也可以簡化流程，在第二天處理B籃時，直接根據筆記、採取相應的行動。

3. 這是積壓的狀況。把最新出刊的雜誌放進A籃，然後把其他雜誌放到你看不見的地方，或乾脆丟掉。如果你真的必須補看舊的雜誌，可以把這件事視為另一項獨立計畫（請見第10章）。
4. 在任務日誌中明天的那一頁寫下「整理辦公室政策的資料夾」。
5. 在任務日誌中明天的那一頁寫下「研究 http://qrcode.bookrep.com.tw/markforster 網站」。
6. 將「安排與客戶開會」列在今天任務清單的終止線下方，然後在今天找個適當的時間執行。
7. 問問自己：「現在該完成什麼？」然後把答案寫在明天的那一頁日誌上。
8. 把「思考工作的計畫」當成一項任務，列在明天的任務清單中。

任務日誌除了列出隔天需採取行動的任務外，還可以發揮很多功用。我們將在下一章中更詳細探討。

「明天再做原則」總整理

- 收集一整天的工作，隔天再採取行動。
- 把相關工作分類，然後批次處理，例如電子郵件、語音信箱、文件、任務。
- 把一天中新出現的文件都放進A籃，隔天要處理時，再把它們移到B籃中。
- 把出現的任務寫在任務日誌中「明天」的那一頁。
- 今天結束時，在明天的任務清單下方畫一條終止線。
- 把「當天」等級的事項寫在今天清單的終止線下，在今天找適當的時間完成。

第 9 章

任務日誌的正確用法

任何人賦予你的工作的重要性，
永遠不及你認為自己工作的重要性。

任務日誌是一種很有彈性的工具，在追蹤工作方面能發揮很大的效果，而追蹤你指派給其他人處理的事情時尤其有效。

我自己的任務日誌，用的完全是很常見的筆記本，一日一頁，各個文具店都有賣而且很便宜的那種。如果你是在下半年才開始用任務日誌的概念，也可以買從年中開始的一日一頁日誌。

就我個人而言，我的任務日誌和行程表是分開的，因為我不喜歡用一日一頁的格式來寫行程。但如果你喜歡這樣，那你也可以都寫在同一本日誌上。只是要記得，別搞混了任務跟安排的行程。

我個人偏好把任務寫在紙上，以下將說明這套方法。假如你更愛用電子裝置來記錄事情，那當然也可以。對我來說，我認為書寫（包括畫出刪除線，以及各種顏色的墨水）讓我對任務有更正面的感受。不過，我所介紹的方法可以輕易地套用到如Outlook這類的任務管理軟體上，你不妨試試。

我們目前已經探討在這些方面可以使用任務日誌：

1. 收集需要處理的任務，**隔天**再整批處理。

2. 一個方便的空間，可以寫下我們當天要處理的任何形式工作。

但我們碰到的常常是無法當天處理、隔天也沒辦法處理的工作。舉例來說，我們要打電話給湯姆，但要等到下週二才找得到他。如果把「打電話給湯姆」寫在隔天也沒什麼意義。正確的做法，當然是在下週二日期的那一頁寫下「打電話給湯姆」。

這是藉由任務日誌來把某件事安排在未來特定日期的案例。如果這件事情需要在特定的某天完成，或是在當天之前都無法完成，那我們就會想用這種方式記錄。

所以，我們在執行今天的任務清單時，上面會有的項目會包括：

- 之前就排定要在今天處理的工作。
- 前一天收集的工作。
- 因為有需「當天」完成的急迫性而在今天的終止線下方新加上去的事項。

這種能提前計劃的能力，讓任務日誌成為非常靈活且高效的工具。以下是我的任務日誌的主要用途，你也可以自行開發其他的使用方法。

• **提醒**

你可以提醒自己要在特定日期做某件事。這對於買生日禮物這類事情特別有用。大多數人會把親朋好友的生日記在日誌上，卻常常沒有在生日前幾週提醒自己該去買禮物跟卡片。

• **其他人的時間管理**

不論你自己的時間管理有多好，你仍然需要面對其他人時間管理不善的問題。值得記住的是，大多數時間管理不善的人用的都是懶散喬的原則，即處理任何當下吸引他們注意力的事情。所以你只要確保自己比其他人事物更能吸引他們的注意力，就能把這點變成優勢。用系統化做追蹤是最好的方法，任務日誌可以輕鬆做到。不管是寄電子郵件、發訊息，或要求別人做某件事情，都要記得寫在你的任務日誌裡，以便幾天後追蹤。有人答應替你做事的時候，也是用同樣方式寫下來。追蹤很重要，任何人賦予你的工作的重要性，永遠不及你認為自己工作的重要性。

• **控管**

追蹤其他人固然重要，但你最需要追蹤的是你自己。安排定期檢視，確保你的專案往預期的目標推進。請記住，如果你不關心某項專案，它要不是無疾而終，就是反過來拖累你。

- **思考**

你是否有過很棒的點子，卻不知道該如何做？或者，有人建議你做某事，而你無法判斷這個建議是好是壞。又或者，你收到一份精美的產品簡介，而你猶豫該不該花錢購買。上述都是你不想草率做決定的狀況，不過，要是你在幾週後再次檢視，這些事情可能會看起來完全不同。所以，你只需要在任務日誌裡做好註記，就能在適當的時間段之後再回頭檢視這些事情。

- **安排**

如果你已經開始積累未處理的工作，有種處理方法是在一段時間區間內，每天都安排一點。這表示你在當前的每一天，都不再扛著一大堆沉重的未處理工作。你已經把工作量分散在一段期間內，應該會大大減少你的負擔。

你可以看到，任務日誌是一種非常簡單而高效的工具。大多數最棒的工具都很簡單，複雜的反而難以發揮功能。然而，有一些任務最好不要用任務日誌來處理，也就是我們希望每天做或一週做幾次的那種。現在，就讓我們來討論這部分。

例行任務

目前我們介紹的基本上是一次性任務。然而，多數人都會有一些希望每天做的任務。每天重複把這些任務日復一日寫到日誌裡，既煩人又花時間，所以最簡單的方法是列出另一張長期任務的清單。

這個清單適合放入的任務範例如下：

離開辦公室時的例行檢查

傍晚要結束工作時，有一份例行檢查程序會很有幫助，可以確保該關的地方都有關好。其中可能包括整理辦公桌、備份、把資料夾收好，以及檢查保全系統。

每天都會出現的事情

有許多事情如果用「每天」為基礎來處理，會比累積成一大堆再處理更加容易。好比你如果親自處理帳目，每天或許平均會有兩到三張發票。每天處理這些只會花你非常少的時間，但如果是年末才要處理一堆九百張的發票，你大概會很頭痛。另一個例子，是許多人在每月或每季向公司提交的報帳資料。如果你每天都把花費輸入表格，你會發現這只需要一瞬間，任務不會增長到讓你抗拒的程度。同樣道理，任何種類的記錄或是日常記錄，例如計費工時的記錄，就最好是維持以每天為基礎來處理。

我們想每天做的事情

根據少量而頻繁的原則，應該有許多事情是我們希望每天都可以有點進度的。例子可以是閱讀、運動、寫作，諸如此類。

循環進行的事情

有些事最好是以循環的頻率來處理。與其試圖在某天完成整個任務，不如每天都做一點。這類任務通常可以每週做一次。正如你可能有一套打掃家裡的流程——週一掃客廳、每週二掃廚房等，你也可以把同樣原則套用在整理辦公室的抽屜與櫥櫃。你也可以設定一個原則，像是每天清掉系統裡的一個檔案。

例行任務清單絕不限於上述的例子，你可以應用在個人的狀況。把大型任務放入這份清單時要格外注意，因為理想狀況下，你會想要這份清單可以快速完成。也因此，你應該將這份清單視為簡單任務的集合，並且抱持期待感，因為完成這些就表示你完成當天的目標，而不是寫了一大堆讓你整天都害怕的困難任務。

測驗

你該如何處理以下的問題？

1. 在沖澡時，你的腦中浮現一個關於新產品的超棒點子。以往你也常在沖澡時想到好點子，但通常都沒有任何作為，所以多半被你遺忘了。
2. 你手上有好幾個專案。你非常忙碌，所以你每次完成一項專案需要的任務之後，就會習慣把這個專案拋在腦後，直到下次任務的死線逼近。只要你少一根筋，常常就會導致事情出現問題。

3. 你每次都會忘記結婚紀念日或其他重要的紀念日，因為你只會在當天才看日誌，但當天才意識到已經太遲了！

4. 你給同事留了一封語音訊息，請對方提供某些資訊，但你不急著在這幾週拿到那些資訊。

5. 過去幾週，你都把行程塞得太滿。今天你剛好有幾個小時可以趕上進度，但你要做的事太多了，不知道該從何開始。

6. 你想要寫一份每週發送的電子報。

☑ 答案

1. 重要的是，在忘記之前就先把點子記下來。你可以寫在筆記本或隨便一張紙上，或用語音的方式記錄。但不管怎麼記錄，你的目標是最後要把它寫入任務日誌，標題會像是「再想想看……」。

2. 把你所有專案的回顧納入任務日誌中會是一個好方法。

3. 在任務日誌中提前約兩週，寫下提醒自己的註記。

4. 由於你在幾週內都用不到這些資訊，表示除非很急迫，否則你不會花心思去追蹤同事，但到最後可能就太遲了。替代的方法是在任務日誌中設置提醒，每隔幾天就檢查一下是否收到所需的資訊。

5. 處理這類積壓的任務，最簡單的方法就是提前排入你的任務日誌。今天先完成最緊急的任務，其餘的任務分散到幾天或幾週內去完成。別忘了下定決心，不再把未來的行程排得太滿——假如你沒有為工作留下充裕的時間，那世上的任何系統都無法幫助你處理！

6. 把「寫電子報」列入你的例行任務清單。用每日分期的方式來寫電子週報，會比在一天全部寫完容易得多。只要每天寫一點，電子報自然會開始成形。

第 10 章

當前計畫：
如何拿回主動權

令人驚訝的是，人們很容易忘記：
「把事情完成」唯一的方法，就是去做。

目前為止，我們討論了如何處理電子郵件、語音訊息、文件、任務與例行任務。除了會議與其他已排定的事情之外，上述構成了我們日常工作的一大部分。然而上面提到的這些，基本上仍然全部是被動性的工作。為了讓職涯進一步發展，我們也需要分配一些時間去從事主動性的工作。

我在此介紹一個稱為「當前計畫」的概念。如果你確實應用，它將以一種你從未想過可能的方式來推動你的生活與職涯，讓你將白日夢變成現實。

當前計畫的核心，是在每天一開始工作時，只專心處理你所選擇的一項計畫。專注於一件事能讓事情更快有進展，比你把與之相關的工作放到任務清單還更有成果。

我對當前計畫的定義是「每天最先做的事情」。這是你每天開始處理電子郵件、語音訊息、文件、任務與例行任務之前，就要做的事情。這個優先的時段，是設計來保留給那些對未來舉足輕重的事情。

讓我們進一步拆解「每天最先做的事情」的定義。包含三個部分：

1. 做
2. 最先

3. 每天
讓我們依次來討論每一個部分。

你需要「做」某件事情

這似乎很顯而易見，但令人驚訝的是，人們很容易忘記「把事情完成」唯一的方法就是去做。舉個例子，多年來我指導過不少博士生。他們來找我幫忙的原因往往都是寫論文時卡住了。我通常會先問他們：「你上次動筆寫論文是多久以前？」答案通常是幾週前、幾個月前，甚至有些極端個案是幾年前。我告訴他們，他們之所以陷入瓶頸正是因為什麼都沒做，而不是做了什麼。我會鼓勵他們每天為自己論文**做點什麼**，無論是多小的事情都好，通常這就足以讓他們再次前進。

什麼都沒做而陷入瓶頸的另一個例子，就是納稅申報。在英國，自營業者的納稅申報截止日期是一月三十一日。每年都有成千上萬的人在最後一刻才送出申報單，或是晚個幾天，接著自然就要繳交一筆根本沒必要的罰款。每年的一月份，會計師事務所都會湧入大量絕望的客戶，這些人拚命趕在截止日期內完成申報。為什麼會這樣？在一月處理報稅，會比去年九月就處理報稅更好嗎？或者更簡單？不，完全沒有。這些人就只是遲遲未處理。

我自己一直都很想去看傳奇芭雷舞者西薇．姬蘭（Sylvie Guillem）跳舞，但不知何故總是抽不出時間。我在今年初終於意識到，如果不盡快安排可能會太遲。於是我決定做點什麼，所以我們終於在她其中一場最棒的《瑪儂》（*Manon*）演出時見證了全場起立喝采的盛況。

對於任何計畫來說，通往成功的道路都是規律、專注的行動。我無法保證你照這個原則做的每件事都會成功，但即使失敗，你也不會因為沒有付出努力而責備自己。

為了保持主動性，你每天需要做多少工作？我的答案是，你至少要「做點什麼」。不管你一天做了多少，只要有點什麼就好。有做點什麼，你就掌握了主動性，沒做點什麼，你就逐漸凋零。

如果每天都有一些進度，有些日子你會做比較多，有些日子會做比較少，但是不論如何，你都持續保有主動積極。如果你想設定一個明確的時間目標，可以規定自己每天至少花五分鐘來執行。這樣一來，有九〇%的情況你都會堅持超過五分鐘——有時你可以做到更久。但就算只做了最基本的五分鐘也無妨，你成功達到這天的目標了。

這就是當前計畫的第一項要素：它是你每天最先**做**的事情。

你需要「優先」做這件事

我很久以前就發現到，如果我真的想在某一天推進某件事情（尤其是針對很有挑戰性的事），那麼「先做」就會是最重要的。我需要在自己可能被其他事阻礙之前，優先做這件事。我們看作是當前計畫的事情，通常在本質上都是我們可能會抗拒做的。或許我們推遲了很久，又或許做這些事會讓我們脫離舒適圈。

請想像以下的情境。你應該要著手寫一份大型報告，但你一直推遲這件事。你決定明天要花三小時來寫。隔天早上，你懷抱要好好寫三小時的決心來到辦公室……然後你決定在開始之前先泡一杯咖啡……接著你想到，感覺應該先檢查電子郵件，以免有需要快速回覆的……快檢查完時，你突然想到最好先確認一下老闆有沒有交派緊急工作……

還有你最好去找比爾聊聊，他今天剛從美國回來，可能有掌握一些重要資訊……別忘了跟珍說聲祝福，因為今天是她生日……還有……天哪！已經下午四點了。現在試著寫報告也沒用了，你決定明天一定要花三小時來寫。奇怪的是，你昨天也是這麼說的。

相較於此，如果你決定在開始做別的事情之前，至少先花五分鐘來寫報告，那又會如何？你走進辦公室、打開電腦、打開檔案，接著開始打字。

哪種情境可以更快寫完報告？

請記得，如果你不在其他事情把你淹沒之前，就先著手你選擇的那個計畫，你就很難有什麼進展。補救方法就是在你有可能分散注意力之前，先把時間保留給這項計畫。用不著擔心你要做的其他事，它們自然而然就會被處理好。

這就是當前計畫的第二要素：這是你每天**最先**做的事情。

你「每天」都需要去做

我在前面的章節已經寫了很多「少量常做」的優點。每天做，是確保某件事持續進展的方法。當然所謂「每天」的頻率，你可以自己決定。可能是一週七天的每一天，而如果是工作相關的計畫，更可能是指週一到週五的工作日。無論你是一週花七天在計畫上面，或一週花五天都無關緊要，只要在你自己定義的每一天都有付出心力即可。

要有進展，你就必須記得前面的兩個條件。你必須「做點事」，而且你要把這擺在「最先」於其他事情的位置。我們都容易犯這種錯誤：給一天設定太大的目標，然後被這個目標嚇得遲遲無法行動。回想一下，前文中決定花三小時寫報告的例子。聽到要工作三小時，其實會讓人沒動力，所以你很容易拖延一整天。但如果你設定的是，每天至少要寫報告五分鐘，那你會發現，每天「先做」跟堅持「每天做」都會容易許多。

要花一個小時做某件事？我們很容易找到不做的藉口。但如果只要五分鐘，哪裡有什麼合理的理由？

你當然可能整天都外出，真的沒辦法為你的計畫做任何事。不過這沒關係，因為你的承諾是，每一個**可行的**日子都要做，所以提前確定哪些日子不可行就很重要。到了當天才發現自己沒時間去執行當前計畫，這絕對不是好辦法，你的大腦會自動把這天貼上「失敗」的標籤。但如果你事先允許自己在某日不用執行，那你的大腦會接受，而不視為是失敗。請記住，失敗在腦袋裡會醞釀出更多的失敗，反之成功會孕育出更多的成功。如果你想成功達成某項壯舉，訣竅就在於一路上給自己累積許多小小的成就。

無論你的計畫是什麼，只要每天都確實累積一點，就會繼續推進。每天做，比你做多久還重要得多。同理，我不建議你為當前計畫設定時間上的目標。能做多久就做多久，然後你會發現，你有時做得多，有時則做得少。但整體而言，你會比原本想像的有更多進步。

這就是當前計畫的第三項要素：是你**每天**最先做的事情。

測驗

在以下情境中，什麼是最適合你給自己設定的目標？

1 你希望每天上班之前都先慢跑三英里。

2 你希望每天至少花一小時學法語。

3 你希望每天撥電話給五個新的聯絡人。

☑ 答案

1. 請記得，如果你想每天都做某件事，那把目標設定得太大只會導致失敗。或者遲早有一天，你想到要做這件事就力不從心。以這個例子來說，如果你設定的目標是每天早上跑步三英里，那你一定會碰上風雨交加的某天，你根本沒辦法從床上爬起來出門面對壞天氣。即使你真的逼自己去跑步，如果只跑了兩英里而不是三英里，那你還是失敗了。所以我建議你的目標應該設定為：穿著慢跑裝備走出家門。你只要達到這個目標，很可能順勢就去慢跑了。也許你有那麼幾天選擇轉身回家，但即便如此，你還是成功完成目標了。

2. 有些日子，你想到要學一小時法語就會沒動力。所以你的目標應該設定為學一**點**法語，最好在晚上的特定時段。無論做多做少，只要有**做些什麼**，你的大腦就會留下一**些**成功的紀錄。

3. 多數人都會抗拒電話開發，要不做這件事的理由有太多了。我建議你把目標設定為，每天找出五個聯絡人的姓名，並連同電話一起寫下。記得，原有的阻力是你的原始大腦，但你的理性腦知道要打電話，所以你會發現，一旦寫好聯絡名單後，你自然就會開始打電話了。

你可能會問，一次可以同時有幾項當前計畫？這個嘛，要回答這個問題，讓我先問你一個問題：「你每天做的第一件事，最多可以有幾件？」正確答案是「一件」。當前計畫要看得到效果，一次就只能有一項。你不必擔心一次只做一項的步調太慢，因為這樣執行計畫其實反而會進展更快。

你可能還想問：「我該維持同一項當前計畫多久？」答案是：「直到完成為止」。你要自己定義「完成」的意義，而且要在開始執行之前就先確定好定義。

在我們更深入討論定義的問題之前，先來看看有哪些事情適合使用當前計畫的概念。當然，你可以套用在任何你想做的事，不過我的經驗告訴我，最適合的是這三種領域，分別是：

1. 清掉積壓工作。

2. 整理有缺陷的系統。

3. 啟動並推動專案。

讓我們依序來檢視。

清掉積壓工作

如果你積壓了大量的工作，我會建議你，盡早將這些積壓工作移至一項當前計畫中。這樣做的原因是，積壓工作會耗費你大量的精力。如果你累積的工作很多，便會影響你所做的一切。清掉積壓工作會給你帶來極大的解脫感與能量，所以非常值得當成第一順位來處理。

「清理積壓工作」是非常理想的當前計畫。把這件事當成每天的第一件事，積壓工作量就能大幅減少。當然，前提是你已經好好把積壓工作轉為封閉式清單。

只要我發現自己的進度開始落後，我就會忍不住想努力趕上。不過這通常表示我會越陷越深。我現在已經學到，確認積壓工作的範圍，將所有未完成事項移出視線，並作為一個獨立的專案來處理，這樣反而更好也更輕鬆。我可以接著在新氣象中，重新開始新工作。用這個方法，我可以立刻有工作的最新進度。當然，我也不能忘了當初落後的原因，否則只會再次累積另一堆工作。

因此我的建議是，當前計畫的最優先順序應該是要清掉所有未完成的積壓工作。這能為你其他的工作釋放出能量。清掉積壓工作的感覺就像是還清債務，你會在剎時之間回到最棒的狀態，只處理當前的工作。這股自由的感受非常顯而易見。

整理有缺陷的系統

處理完所有積壓工作之後，下一步要當成當前計畫來處理的，是解決妨礙你工作的那些「有缺陷的系統」。工作系統應該要對你的工作有幫助，如果有缺陷，那永遠都只會給你踩煞車。要分辨一套系統是否有缺陷很簡單，你會聽見自己說「我**永遠都不**知道這些東西要放哪裡」，或「東西**永遠**都會不見」這種話。關鍵字是「永遠都不」與「永遠」。當事情持續出錯，你可以很確定根本的原因是某個系統運作出了問題。

解決系統上的問題，困難程度依情況有很大的落差。有些系統問題只要經過一些思考就能修正。舉例來說：

Q.為什麼我家裡跟辦公室裡面永遠到處都是紙？

A.因為我沒有一個集中收納文件的地方。

至於其他的系統，則可能需要投入相當多的時間、精力與金錢。不過這類投資幾乎都是值得的。一家小公司剛起步時，主要瓶頸會是它可以**吸引**多少客戶。成功上軌道之後，主要瓶頸就會變成可以**應付**多少客戶。一家公司可以應付的客戶數量，很大程度上是取決於營運系統的優劣。到了這個階段，如果小公司還是沒有掌握良好的系統，那絕對會陷入大麻煩。

建立一套良好系統的最佳時機，理所當然是在你需要它**之前**。但沒有人能完美預測一切，所以我們要時時留意，找出在業務中出現問題的地方。一旦你找出一個有問題的系統，就納入你的清單中，作為當前計畫來處理。除非這項問題只需要一點時間就能解決，那你可以把它視為一項簡單任務來處理。你會發現自己花在處理系統問題的時間，將帶給你數倍的回報。

啟動並推動專案

當前計畫和一般專案不應混為一談。大多數計畫或專案本來就可以圓滿而愉快地完成，不需要變成當前計畫。本書後面會有一整章，詳細討論如何以個人時間管理的角度來處理專案。

不過，仍有一些專案會需要集中注意力一段時間，才能**持續啟動並推動**，尤其是在你嘗試新事物時。我個人曾經用當前計畫的時間來處理一些事情，像是讓我的網站上線與營運、在之後做網站改版、啟動一套夏季研討課程、整理出書提案、做納稅申報、為志願委員會寫新章程，以及導入教練客戶的新收費標準。如果不透過當前計畫，其中有些事我可能會想個好幾年，然後一直沒有作為。

但是有一種專案並不適合當作當前計畫——需要在一段長時間內進行重複動作的專

案。這類專案包括學習語言、寫書、健身、練習樂器、考照研習等。我會在第14章說明處理這類專案的最佳方法。

測驗

以下哪些事情適合以當前計畫的方式處理？

1. 現在是一月。老闆告訴你，他希望你今年為公司的重要客戶籌辦一場夏日晚宴。這將是一場奢華的盛會，邀請對象包括當地的重要人物與公司客戶。
2. 你明年要去法國度假，所以決定要加強你蹩腳的法語口說能力。
3. 你自己經營公司，但你發現自己常說：「我必須做點什麼來開發更多客戶，但我似乎永遠抽不出時間。」
4. 你才剛推出一條新的產品線，就有一位新客戶下了一筆超大的訂單。
5. 你計劃設計新型錄，但進度嚴重落後。
6. 你已經花了半天時間，去尋找兩個月前和客戶開會時的筆記。

☑ 答案

1. 在剛開始執行這個專案時，你會需要大量心力才能推動。你可以把它設定為當前計畫，內容包括規劃活動、成立委員會、協調預算、研究邀請名單、場地規劃等。完成這個初步階段之後，即使還有需要處理的工作，也可以把那些工作以持續推進為原則，透過任務清單來執行。當晚宴的活動日期逐漸逼近，為了有更好的進展，你可能需要有一陣子再把它重新看作是當前計畫。
2. 學習外語是重複性專案，不適合做為當前計畫。執行方式請參考第14章。
3. 行銷計畫或是業務計畫的啟動與推動，是最適合用當前計畫來執行的工作。
4. 在產品上市之前，你們應該早就要準備好能處理客戶需求的所有系統。所以這個階段並不符合當前計畫的範圍，除非你發現你的系統有嚴重缺陷。
5. 當前計畫的空間正是為了這類狀況而設計。
6. 這是系統缺陷。你需要把「設計歸檔系統」設定成當前計畫，讓它能幫助你找到東西。

當前計畫範例

我決定辦更多研討會，但還沒有決定形式與舉辦時間。所以我把這個題目設定成當前計畫。

- 第一天：寄電子郵件給我平常辦研討會的場地的祕書，詢問十二月與一月可以租借的日期。當天收到回覆。
- 第二天：十二月的空檔都不適合，所以決定辦在一月的兩天。寄電子郵件預約這兩天的場地。
- 第三天：決定研討會的票價、時間表等，預計兩天後發送電子報，其中會公告研討會日期。
- 第四天：把細節放到網站上。

這些研討會現在已經進入「啟動跟推動」的階段，開始有人購買門票，可以視為是當前的工作，所以可以更換新的當前計畫了。

當然，研討會還有很多其他要執行的工作，但這些也全都可以視為當前的工作來處理。在活動日期逼近、到了需要詳細設計研討會內容的階段時，我可能會在短時間內再次把它們當成我的當前計畫。

第 11 章

重建認知的「將做清單」

我們的目標都是要槓掉清單上面的每一項，
每天都不例外。

讓我們整理一下，看看我們所討論的待辦清單跟傳統的有何差別。

傳統待辦清單的常見問題，大多數人都有經歷過。這種清單上，新增的速度遠遠快過清除。永遠會有一大堆項目從一天挪到下一天，根本無法完成。剩下沒完成的，幾乎都是比較困難且有挑戰性的事情，卻很可能是將帶動你生意或職涯的關鍵。待辦清單在這裡是最典型的例子，讓我們從中看到在工作使用「開放世界」清單的種種問題。

待辦清單是開放式清單，羅列我們在一天內可能做的事。但我們真正需要的，是列出在一天內「**將會**做的事」的封閉式清單。我們的目標都是要槓掉清單上面的每一項，每天都不例外。為了做到，顯然我們必須仔細思考到底要做什麼，以及有多少時間可以做。除非有正當理由，否則我們不會允許自己去做任何沒出現在清單上的事。

相對於「待辦」（to-do），我將這種清單稱為「將做」（will-do）清單。兩種清單最大的差異是，將做清單屬於封閉世界。只要我們決定好當天要做的事，就不再追加——或者說，至少在完成這份清單之前不會追加。根據目前本書所介紹的封閉世界清單，我們完成這種清單內項目的速度，應該會大大快過傳統的待辦清單。

將做清單	待辦清單
封閉式清單	開放式清單
個人在當天將要做的事項	個人會依據這份清單，挑選當天要做哪些事項
以每天完成清單為目標	不會每天都完成清單
由子封閉式清單組成	事項各自獨立、互不關聯
沒有合理理由，就不追加任何事項	新事項會不斷追加
只有當前的事項	包含不同時間範圍的事項
將類似的事項集結成同一組	事項的呈現沒有規則
有效率	無效率

將做清單基於一種很簡單的架構，由我們討論過的封閉式清單組成：

1. 當前計畫
2. 電子郵件
3. 語音訊息

4. 文件
5. 一次性任務
6. 每日例行任務

讓我們來看看這在實務上如何操作。

以下是我今日清單的精簡與編輯後版本。從每一項後面標示的數字，能看出是來自上面提到的哪一種封閉式清單。

- 整理書架（1）
- （昨天的）電子郵件（2）
- （昨天的）語音訊息（3）
- （昨天的）文件（4）
- 寫研討會的廣告文案（5）
- 把研討會的細節放到網站上（5）
- 為明天排定的行程做準備（5）

- 決定十二月是否要舉辦遠距課程（5）
- 買N的生日禮物（5）
- 撰寫amazon.com的自介（5）
- 更新網站上的新聞（5）
- 找出訪客紀錄（5）
- 為了紐西蘭之旅辦理簽證（5）
- 付機票錢（5）
- 寫委員會會議的會議紀錄（5）
- 寫電子報（6）
- 備份（6）
- 訂閱（6）
- 整理辦公桌（6）
- 打掃地板（6）
- 看網站數據（6）
- 明天的清單（6）

在實務上，我的電腦存著一份標準清單，我每天都會複製來使用。裡面包括主標題，加上每日例行任務（因為這些任務每天都一樣）。至於其他的任務，我則會參考當天的任務日誌。我最後每天印出來的清單會像是這樣：

將做清單

當前計畫
電子郵件
語音訊息
文件
任務日誌
撰寫電子報

備份
訂閱
整理辦公桌
打掃地板
看網站數據
明天的清單

在我的任務日誌中，某個特定日子的內容會像是這樣：

- 撰寫研討會的廣告文案
- 把研討會的細節放到網站上
- 為明天約好的行程做準備
- 決定十二月要不要舉辦遠距課程
- 買N的生日禮物
- 寫amazon.com自介頁面的文字
- 為紐西蘭之旅辦理簽證
- 付機票錢
- 撰寫委員會會議的會議紀錄

這份將做清單主要是昨天新增的工作（電子郵件、文件、任務等），因此也代表了一天份的新增工作。這表示，在一天內完成它不只務實，也是必要。除了當前計畫永遠該最先處理，以及明天的清單應放在最後之外，這份清單按任何順序都可以。實際執行時，我發現最好的方法是按照上面列出的主要標題的順序，但在執行子封閉式清單內的事項時，我通常會以最簡單的為優先。

假如我知道明天沒有時間，沒辦法完成將做清單，那又該怎麼辦？像是你要去開會或出差、所以行程特別滿的日子就會發生這種狀況。

答案是，我會照常列出清單，盡可能完成上面的事項，然後我會把剩下的事項移動到隔天。在實務上，這表示我只需要移動任務日誌中尚未完成的事項。如果這樣讓隔天的任務清單變得太長，那我可能會把最不急的幾個事項分散到接下來幾天，而不會全放到同一天。

畢竟將做清單的第一項是當前計畫，所以就算只有五分鐘也要努力達成。短短的時間似乎無關痛癢，卻可以實現每天做一點的目標，而這帶來的推動力是很驚人的。

針對溝通類的事項（電子郵件、語音訊息與文件），我處理的批次會以兩天為基準，而非一天。出乎意料的是，這通常不需要太多時間處理。

至於每日例行的任務，我只會簡單重複這些工作，如果某天沒做也沒必要去彌補之前的進度。

只要我記得自己的目標是每天都盡可能完成清單，那使用這種趕進度的方法就有效，不會有任何問題。但如果我發現自己每天都沒有完成清單，那我就會需要做些事，因為不解決問題的話，就沒辦法繼續用封閉式清單的方式來工作。這樣一來，我將會回到開放式清單的狀態，然後面臨它帶來的各種問題。

我有事情離開辦公室時，最重要的就是確保自己在接下來幾天，有足夠時間來趕上工作進度。我一直都牢記，如果行程排得太滿的話，我就永遠沒辦法補上那些沒達成的事項了。

發現自己進度落後，該如何補救？我們在第4章大致說明了診斷的流程，下一章將會討論得更深入。

測驗

你會如何把下列事項納入你的將做清單？

1. 你度假回來，發現收件匣有大概一千封電子郵件，還有一大堆語音訊息，桌上還有一大堆沒打開的信件。
2. 你每次都會習慣性忘記在離開辦公室前檢查檔案櫃是否上鎖。
3. 你收到一封電子郵件，附件檔案非常龐大，你需要閱讀附件並在幾天內回覆。
4. 女兒的學校打電話來，說你女兒身體不舒服，問你能否去學校帶她回家。
5. 你週末參加了培訓課程，帶著許多你想在工作上嘗試的新點子回到辦公室。

6. 你有個關於新產品的好點子，但不太知道該怎麼推動。
7. 你的老闆說：「你還記得我說下週要的報告吧？現在情況不太一樣，反正我今天下班前要拿到。」
8. 你在午休時讀報，看到有一齣新的舞台劇大獲好評。你決定找時間去看看。

☑ 答案

1. 處理假期的積壓工作，最好的辦法就是把它轉成你的當前計畫。在休假前，你就要確定你會這樣處理。這表示你回工作崗位的第一件事，就是開始處理這些積壓工作。
2. 把這件事變成你每日例行任務的最後一項。
3. 把附件印出來，放進你的收件籃，用前面提到「重複循環」的方式來讀，直到你真正完成。

4. 這是真的緊急狀況。你要做的就是即刻處理，根本不用列入你的將做清單。

5. 在你的任務日誌加入一條：「列出週末培訓課程的行動」。如果你夠聰明，你上課前就會把這條寫到日誌裡面，讓它出現在週一的任務清單上。

6. 在大概幾週後的任務日誌中，加入「再想想這件事」的任務項目。

7. 打開任務日誌，在今天日期的終止線下方列出需要做的事情，然後找適當的時間來處理。（記得，所有「當天」類別的事項都必須寫下來）

8. 在明天的任務日誌中，寫下購買舞台劇的票。

第 12 章

完成一天的工作

如果你說自己是「在壓力下會有最佳工作表現」的那種人，那你很可能陷入了低效率的狀態。

我在本書中一直強調完成一**切事項**的重要性，但只有明確定義「一切事項」，我們才有辦法真的完成。如果無法確保每天都完成，那我們就不可能完成一切事項。

正如先前討論的，傳統的時間管理概念幾乎不可能確定每一天工作的「一切事項」。傳統的時間管理不會告訴我們「一切事項」的定義，所以我們也沒辦法知道自己是否真的完成。如果無法判斷是否完成了「一切事項」，那就不可能徹底完成工作。

上述這些因素，讓我們在感覺落後的時候找不到問題的發生點。由於傳統的時間管理沒有提供客觀的衡量標準，我們不得不靠感覺來判斷自己有沒有落後。但我們自己也沒有標準，所以只能透過不斷累積的匆忙、壓力、混亂的感受來發現進度有落後。

不過，如果我們使用我在本書介紹的「明天再做」的方法，就可以把目標設定成每天都完成一天份的新增工作。我們每天都把當天新增的工作收集起來，並在隔天付諸行動。當天或許有一些緊急工作要處理，所以每天的工作都是由當天新增的工作或前一天新增的工作所組成——這給了我們一個完全客觀的「一切事項」的標準。我們如果完成當日工作，也沒有任何積壓工作，就知道自己處在最新的進度。或許有時會落後個一、兩天，但應該要能迅速趕上。如果跟不上，那我們就知道出了問題。運用這套工作的組織方法，我們可以準確知道自己落後了多少。

我自己的原則是，如果我沒辦法在三天內趕上進度，就要啟動我的診斷程序。這套程序很簡單，但之後需要採取的行動可能不那麼簡單。正如第4章探討的，如果你無法維持工作進度，只可能是這三個原因出錯：

1. 你的工作效率低落。
2. 你有太多事情要做。
3. 你可用的時間不夠。

我們在那一章已經討論過這些因素的含義。現在我要更深入，看看其中一個或多個因素都發生的時候，我們可以怎麼做。

效率低落

這裡討論的是你的基本效率。以機械的觀點來看，即你處理的速度是否大於事項增加的速度？如果你的方法沒計畫又沒重點、一直分心、缺乏目標，而且總是被積壓工作壓垮，那你不可能有效率，你的效率會非常低落。往往只有逼近死線或是憤怒客戶的施壓，才能讓效率低落的人開始行動。如果你說自己是「在壓力下會有最佳工作表現」的那種人，那你很可能陷入了低效率的狀態。效率低落的人在幾乎無事可做的時候，甚至會落後得更多，因為這時他們反而少了時間壓力的激勵。

補救辦法

補救辦法是善用本書介紹的方法，在工作時運用封閉式清單，並將類似項目集結以批次處理。這將幫助你專心，並減少分心的事物。要注意的重點是，不在你的當日清單的事情做得越少越好。時時問自己這個問題：「今天做的事情之中，有多少是我沒寫下來的？」請記得，運用這套系統是一種技能，所以跟其他技能一樣都需要練習。

做太多承諾

當然，盡可能提高效率很重要，但一個人的最大效率是有極限的。我相信本書所介紹的工具是提高效率的最好工具，但只要你達到極限，一個水杯終究裝不下兩杯水。

普遍的觀念是，如果你有太多的工作，透過排列「優先順序」就能擺脫這個問題。但我講白了：**你不能！**這些排列順序的努力，只保證了你有一些工作永遠不會完成。如果你承諾要做的工作太多，那有問題的並不是優先順序，其實是你承諾太多了。如果你承諾要做的工作數量合理，那優先順序根本無所謂。由於你將會完成這一切工作，所以重要性跟優先順序兩者也無關。

補救辦法

如果你有太多工作，而且是源自於你做太多承諾，那需要檢視的就是你做的承諾。過程可能很令人難受，需要做出很多艱難的決定，以及不愉快的協調。但這是必要的。只要工作太多，你就做不完全部——道理就這麼簡單！

記住，關鍵是把注意力集中在真正的工作上面，也就是能推動你的事業或職涯的工作。專注在那些只有你能做的工作，時時問自己這些不好回答的問題，像是：「我真的該這樣做嗎？」、「我真正的工作到底是什麼？」

時間不夠

令人訝異的是，有太多人把自己的行程塞得太滿，然後才發現自己做不完一切事項。以會議來說，花的不只是開會本身的時間，當然也包括會前準備、交通時間。更重要的，會議還會產生其他工作，有時候甚至是必要的工作，對你來說也很重要。但開會的缺點是，你會在討論最激昂的時刻輕易做出承諾——如果你花時間好好思考，或許永遠不會承諾要做。

補救辦法

人們常常會把行程排太滿，因為他們看到幾週或幾個月後的日誌太乾淨了，覺得時間實在太空了。但其實並不是空的，那些日子已經塞滿了未排入行程又需要完成的事項——這點你在答應邀約、會議時要特別記得。提供一個不錯的工作原則，就是每週至少保留一定時間完全不排行程。

我的方法會讓你清楚掌握完成新增工作會花多久時間，所以要確保每週都有留時間給這些工作。如果你會有一陣子不在辦公室，那就不要在你剛回來的那段時間安排任何行程。

除非有合理依據，否則就不安排任何會議。有鑒於參與者會花不少時間，會議當然要有理有據。你自己出席會議也要有好理由。

我最近參加了一門有趣的課程，是針對想到日本做生意的英國人開設的。我在課堂上聽到，日本人對英國人的刻板印象之一就是有無止境的會議，而且每次開會唯一的結論就是：再開一次會。可別讓自己被貼上這種標籤！

測驗

以下各點的情境，主要是關於三種可能因素（效率低落、工作太多、時間不夠）之中的哪一種？

1. 你是一家小企業的老闆。花了幾年辛苦建立事業，你發現自己現在難以消化那些工作量。你總是趕著處理各種問題，雖然努力，但卻意識到自己的利潤跟努力不成正比。

2. 你想離開現在的公司去創業。你想在職涯轉換之前，先在工作外的時間透過專案的形式打好基礎，這樣到時候就不用從頭開始。問題是，你似乎就是沒時間做這件事。你的兼職事業正式啟動六個月後，似乎根本沒進展。你一想到自己永遠都無法離職，就對現實感到絕望。

3. 你是部門的中階主管，也是公司產品諮詢委員會的成員，該委員會每兩週開一次檢視目前狀況的會議。各部門都有一位代表參加。前半小時會決定議程，接下來半小時會討論要檢視哪些專案。接著會討論這些項目一陣子，時間不確定，之後會再問所有人是否還有事情要討論。最後，是訂定下次會議的時間。為了這個根本不知道會開多久的會，你必須空出整個上午。此外，你還身兼公司的宣傳諮詢委員會與員工福利委員會的成員，開會形式都大同小異。

4. 你是中學的老師。你很愛教書，而且也很擅長，但你痛恨不斷增加的文書工作。你的教案設計跟評分永遠都跟不上進度，這讓你壓力很大。

5. 為了一個大型專案，你已經清光日誌上的事項，也把其他工作都刪減掉。但你碰到了意料之外的問題——每天只處理一件重要的事，這反而讓你沒有動力。甚至在某幾天，你根本什麼都做不成。

6. 你對員工採取「門戶開放政策」，來者不拒，總是準備好要幫助他們解決工作上的任何問題。你認為溝通並讓員工了解狀況很重要，所以喜歡在辦公室裡用電子郵件和大家討論行動計畫。你很驕傲自己可以給客戶當天立即的服務。不幸的是，你雖然盡量鼓勵員工了，但他們似乎永遠做不完專案。你不懂為什麼會這樣。

☑ 答案

1. 工作太多：這是小型企業的典型困境。你花了數年去爭取客戶，現在有的客戶數量已經大於你能應付的——結果就是你會忙到昏天暗地，以至於沒有時間去思考未來的方向。但這是你身為企業主應該花時間認真工作的領域。你主要的職責是訂定戰略、規劃與設置系統。你必須給自己足夠時間來完成這類工作，因為沒有人可以代勞。所以你要盡可能拋去其他工作。

2. 效率低落：如果你想到達能辭職創業的階段，你就必須提高你兼職工作的效率。請確實保留一定的工作時數，然後好好規劃你自己事業的工作，就跟你規劃原本的工作一樣。然後逼自己每天都要完成這些工作。

3. 時間不夠：這些就是典型的英國會議。你只是「代表」出席，而不是任何明確的角色。沒有像樣的議程，沒有人花心力去事先確定需要檢視的專案，也沒有固定的結束時間。這些會議會無限循環，你最好想辦法擺脫。你根本不該出席，如果你無法說服你的主管，那參加之前就一定要準備好早退的理由，例如

「有重要的客戶會議」。

4. 效率低落：並不是指你擅長的教學沒效率，而是指你在處理行政庶務與文書工作方面。一定要把這些事項整理到將做清單中，然後每天都努力完成。

5. 效率低落：效率低落的人往往會需要時間壓力才能繼續工作，只要沒有時間壓力，他們就會徹底崩潰。為了提高效率，請把專案分解成小型的子任務，然後分配到一段期間內的任務日誌中。然後善用下一章「持續前進」的方法來讓自己每天都能做完預定的工作。

6. 效率低落：這個答案可能會讓你驚訝，但確實就是效率低落。你不只自己缺乏效率，還讓其他人沒效率。你的行為讓每個人的工作都出現大量的隨機事件，包括你自己跟你的員工。任何人在這種狀況下都不可能發揮工作效率。你其實就是第6章中的懶散喬，記得吧？他試圖立刻回應每個人，結果服務品質遠遠不如酷米克。仔細想想該怎麼在你跟員工的工作上加入一些緩衝。

第 13 章

打敗拖延，持續推進

說謊是理性思維的一種特性。

拖延症很大程度上是由不堪負荷或遠遠落後的感受所引起。當一個人把全部的工作都視為威脅時，他的自然反應就是僵住不動。如果你在工作上比較有主導性，那你自然會維持前進的動能，拖延症就會少得多，甚至完全不會發生。將做清單可以讓你在工作上有主導性，就不會再有拖延症的問題了。不過，你要是覺得再也不會拖延又太不實際，所以找到解決方法也很重要。

我想在本章討論拖延症的兩個層面。其一是如何持續向前以避免拖延症，其二是當你有拖延症的時候該如何重新動起來。

我們先來看看一些破解拖延症的方法。

把工作完成

你可以用第2章的得分練習的變化版，來檢視你以每日為基準的工作完成狀況。每一天，你只要完成將做清單就可以得一分，無法完成就扣一分。你可以允許自己某幾天跳過（例如不進辦公室的那幾天），但你必須提早確定是哪些日子。

持續累計分數，看看你在一個月內可以拿到多少分數。把分數記錄在你的日誌，或任何你看得到的地方，這會有助於進行遊戲。

千萬別瞧不起這種「幼稚」的得分遊戲，對大人來說也有著驚人的激勵效果。

間歇式工作

破除拖延最有效的方法之一，就是設定間歇式工作。時間段可以設定為任意長度，通常會介於二十至四十分鐘。一個人越是抗拒手上的任務，那每一段時間就要越短。如果要在非常抗拒的工作上有進展，有時最好先從五分鐘的時間段開始，然後漸漸延長。

例如，你可能很抗拒一項重要的寫作專案。為了啟動它，你可以先從五分鐘的寫作開始，接著休息兩分鐘，再寫作十分鐘。每次增加五分鐘，直到每段工作時間到達四十分鐘。這樣一來，時間段的長度依序是：5—10—15—20—25—30—35—40—40—40，以此類推。只要你克服了最初的抗拒，就可以設定一個你覺得最能專心的時間段。

面對一個讓你大力抗拒的專案，還有另一種替代方法，就是對自己說「我只會花五分鐘處理」。五分鐘結束時，你可以自行決定是否再繼續做五分鐘。你可以持續這個方法，直到你發現阻力已經消散，而你可以正常執行。

關於間歇式工作，我需要特別強調幾點。第一，這套方法既可以幫助你克服對一項專案的早期阻力，也可以讓你在長時間工作時保持專注。如果你用三段各二十分鐘的時間來工作，成果可能會超過不計時但整整工作一小時。

我要強調的第二點是，這個方法的效果取決於，你是否在時間結束時就停止。如果你仍繼續工作，那效果就會被稀釋。計時器響起時，你停止得越突然越好，甚至一句話都還沒寫完更好。大腦總是追求完成度，所以會想回到任務上。這可以幫助你維持強大的動力。

間歇式工作的方法很輕易就能套用到將做清單的不同事項。你不妨實驗看看，找到最適合使用的情境。

休息時間

安排幾次休息時間，你的一天就會更有效率。正如你使用間歇式工作可以提高工作時的專注力，間歇式休息也能提高休息的效率。如果你設定了明確的開始與結束時間，你會發現比起沒有設定的休息，這麼做的充電效果更好。

午休

不要在吃午餐的時候工作。午餐時間工作只會讓你什麼都沒做，因為不給自己時間放鬆，你的注意力就會分散。好好吃頓飯，給自己一點空間會讓你精神煥發。重點不在於午休的長短，而是你必須有準確的開始與結束時間。

結束工作的時間

如同要在一天之中訂定幾次休息時間，在固定時間結束工作也一樣重要。午休時間的道理也適用於結束一天工作：如果沒有一個明確的結束時間，你完成的工作會比較少。原因如出一轍，缺乏適當的休息會讓你失去專注力，而缺乏適當的結束工作時間更糟，會大大影響你的私人生活。

你可以自行選擇午休時間的長度，同樣也可以自行選擇何時要結束工作。重點在於，無論你訂定的結束時間是幾點，時間一到就要停下工作。

我常常被問到一個問題：「如果我正在間歇式工作，卻到了午休時間怎麼辦？我該停下間歇式工作去吃午餐，還是延後午餐然後繼續完成這次間歇？」我的答案是，只要你在間歇式工作時被打斷，就應該停下計時器，等到干擾結束之後再重新啟動。這適用於電話響起等無法預期的打斷，也適用像是排定好的行程或午休。

臨時休息

不是所有的休息都對工作有益。非安排好的休息很容易讓你不想回去工作，但是如果你發現自己累了，或注意力不集中，那休息一下通常還是好過繼續工作。你該如何休息一下又不會失去動力？

還記得我提過，大腦會追求完成度嗎？你如果需要臨時休息，那可以善用這點。決定休息時，我們本能上會想要工作到一個段落（像是完成下一章或下一段），接著才休息。這似乎再自然不過，但問題在於我們的大腦會覺得已經達成：「我們完成了！」大腦喜歡完成事情，所以要重新投入心力去做下一部分可能會很費力。

另一種狀況，如果你突然停下工作，那大腦其實會告訴你：「可是還沒完成！還沒完成！」這樣一來，重新〔休息〕開始會更容易，因為你的大腦想要回到工作上把它完成。其實我在寫上一句的時候計時器響了，表示我該開始休息時間。我用〔休息〕來標示停下的地方，你可以看到，我不只斷在一句話中間，甚至斷在詞的中間！

如果你不是用間歇式工作，那麼臨時休息的最佳時機就是剛開始做新任務的時候。我在此的原則是：「開始做下一件事情之前都不要休息。」事實上，這有時非常有效，會讓我在開始做下一件事情時非常專心，甚至忘記要休息！

我在本書常提到「「少量而頻繁」完成一項重要任務的正面效果。我的解釋是，這可以讓大腦能消化已取得的進展。同樣道理也適用於短暫的休息時間。如果你休息之後回到某項寫作主題，無論你的休息時間多短，你都會發現寫作似乎稍微有進度了。沒有任何休息的話，你就無法獲得這種效果。休息不只可以幫你充電，還可以提升你的專注力，幫助你有高品質的產出。

良好的感受

另一種（我寫到這裡臨時休息，可參考前一小節）提升整體工作能力而讓你能持續工作的方法，是觀察自己的感受是否良好。拖延症、壓力、混亂與倦怠都是密切相關的。一個人處在上述一種或全部的狀態中，必然很難有良好感受。

但是反之也成立，當一個人感覺良好時，他就不太可能遭受壓力、混亂、倦怠與拖延症。所以觀察自己的整體情緒狀態將大大助益你的工作。

這很容易做到。我們現在就來試試，請先停下閱讀，花點時間問問自己：「我現在感覺有多好？」滿分是十分。假如你感覺緊繃且不安，你可能會回答「四分」，假如你覺得大致都在掌握中，你可能會回答「八分」。或許不寫單一整數，而是用兩個數字（像是7／8）來表示「介於七分與八分」，這樣可能更容易給分。最好的答案就是你的腦中立刻浮現的答案，別花太多時間思考。

現在就試看看。你給了幾分？把分數寫在空白處或另一張紙上。

你在打分數時，可能會好奇「良好」的定義是什麼。我刻意不給定義。因為你只有在回答「我感覺有多良好？」這個問題時，才會知道「良好」對你的意義。你越常問自己，就越能意識到自己為了找出答案而在追求什麼。你也會開始發現，生活中有些事情會影響這個分數。所以不用擔心「良好」的定義，練習的經驗會讓你自然找出「良好」對你的意義，而那會比我能想出的任何定義都更適切。

每次打好分數，不用刻意努力想讓自己感覺好一點。你要做的只有觀察自己的感受。觀察會讓你更能有所意識，而這本身就帶有改善感受的效果。

現在，再問自己一遍這個問題。再次寫下分數。是和先前相同，還是有變化了？你可能會發現分數變高了，那是因為你更有覺知了。分數還沒有改變也無妨！

這個技巧會讓你注意到非常細微的地方，同時也非常強大，需要一些時間才能發揮影響力。如果持續練習，你會發現你的平均分數會慢慢提升。你可能一開始覺得自己大概是三分或四分，或許你會在幾週後發現，大多數時候已經增加到七分或八分了。這種提高分數的方法似乎不是很令人振奮，但要知道，這其實關乎你整體的心理幸福感，會深刻地影響你生活的許多方面。

我在自己的經驗中，見識過這能為生活帶來多大的轉變。我因為碰過直昇機墜機的事故，許多年都很害怕飛行。之後，我在八年來的第一次飛行的前幾個月用了這套方法，並且治癒自己對飛行的恐懼。效果太好了，我在整趟飛行途中都維持在十分，起飛和降落的時候也是一樣！

騙過反應腦

有一整套技巧巧妙利用了這個現象：理性腦會**提出**計畫，反應腦會**抗拒**這項計畫。

這些方法實際上是騙過反應腦，讓它放下抵抗。要如何做到？我們利用一個現象，也就是反應腦沒辦法分辨理性腦何時說謊。說謊是理性腦的特性之一，而反應腦則不具備「創造概念」的能力，而這是說謊的基礎。神奇的是，說謊是人類專屬的能力之一，其他大腦最複雜的物種只有很基本的說謊能力。我們的反應腦沒有說謊的能力，更有意思的是，它也無法辨識謊言——就算大腦其他地方在對它說謊，它也無法分辨。

我們可以假裝自己其實不打算行動，來讓反應腦停止對一項計畫的抗拒。反之，我們要告訴反應腦，自己將做的事情是一個相對無害的行動。

這段效果強大的句子就可以實現：「我現在並不打算真的去做〔這項任務〕，只是先做〔任務的第一步〕」。

以下是這句話的實際使用範例：

- 「我現在並不打算真的去寫那份報告，我只是先把檔案拿出來。」
- 「我現在並不打算真的打電話給那個憤怒的顧客，我只是先查一下他的號碼。」
- 「我現在並不打算真的整理辦公桌，我只是先把那個迴紋針放回該在的地方。」

只要你開始第一個行動（拿出檔案、查電話號碼、移動迴紋針），你就已經完成了第一步。你可能會發現，在自己甚至還沒有意識到時，就已經做了更多行動。

我記得有年夏天週日的午餐後，我坐在我家花園裡。天氣晴朗宜人，我突然發現草坪是該修剪了。我當時最不想做的就是修剪草坪，所以我對自己說：「我現在並不打算真的去修剪草坪，我只是先把電源線拿出來。」然後起身往花園小屋走，接著我只記得草坪修剪好了。顯然是我弄的，但我對於實際修剪的記憶很模糊。只要開始執行第一個步驟，我的潛意識就接管了，它非常熟悉該如何修剪草坪，完全不需要意識的幫忙！

這是什麼原理？

你的反應腦把修剪草坪或寫報告等任務都視為威脅。這些任務可能有難度、讓你離開舒適圈，或者可能勞神費力，又或者會讓你無法做你更愛的其他事。這其實是理性腦對於任務相關內容的評估。一如既往，反應腦完全相信理性腦說的話，所以把這項任務歸類為威脅，因為反應腦的職責就是要保護你免受威脅。

所以當理性腦告訴反應腦，其實現在並沒有真的要修剪草坪或寫報告，這時反應腦就會鬆了一口氣，並解除抗拒。威脅解除，反應腦可以放鬆了。在理性腦對於拿出電源線、檔案的任務評估當中，並沒有任何會讓反應腦覺得很困難的跡象，所以它沒有必要抗拒。理性腦當然很想在第一個步驟之後繼續執行任務，但反應腦卻無法看穿。

這或許聽起來難以置信，那麼，要了解這套方法背後的原理，最簡單的方法就是實際嘗試看看。你可以從某件你有點抗拒的事開始，可能是整理辦公室的某個角落。對自己說：「我現在並不打算真的整理這個地方，我只是先撿起那張紙。」只要適合你所選任務的說法都可以。現在就試試——然後你可以繼續整理辦公室（或你所選的其他任務），直到你想停下來為止。

現在就做。

有進展嗎？你有發現這個句子是如何消除抗拒的嗎？你有發現只要你撿起第一張紙，幾乎就會自動開始打掃了嗎？

如果你有一項重要卻讓你抗拒的任務，你可能需要在每一次進入新的行動階段時，重複使用這個句型，每次都修改內容來引導你進入下一步。這有點像是人們會在極端的情況下對自己說「我在倒下之前走到那棵樹就好」，然後再說「我只要走到那個角落就好」，像這樣繼續，或許靠這句話就可以走上幾百英里。

用這個句型一陣子之後，或許你會發現自己不需要後半部了。因為當你說到「我現在並不打算真的整理那個角落……」，就已經開始整理了。事實上，你甚至會發現自己一邊說「我不打算寫那份報告」，然後就開始動筆了。這種方式非常強大，可以完成一系列小行動，但這些行動原本如果當作整體來執行，或許會引發極大的抗拒。

「我並不打算把那張椅子收起來」、「我並不打算把那張桌子搬走」、「我並不打算拿出吸塵器」、「我並不打算鋪床」。你可以透過一步步告訴自己，你並不打算整理房子，來把整個房子整理乾淨！

「我之後再做」

有一種可以騙過反應腦的類似方式，是用「我之後再做」這句話。這句話尤其有用，因為當我們想要推遲某件事，通常心中就會浮現這句話。如果把它當作擺脫抗拒的方法，那你幾乎可以用在任何事情上。

舉例來說，如果你的辦公室很凌亂，那是因為你在幾百次情境中，都沒有選擇花個一分鐘把東西收好的行動。你為什麼失敗？因為你每次都在心裡對自己說：「我之後再做」。如果我們反過來使用這個句子，讓它發揮完全相反的效果，就等於是連根拔除了凌亂的根源之一。

正如我們看到的，把某件事情留待之後再做，在許多情境下都是正確做法。事實上，嘗試馬上做一大堆事情就是打亂我們一天的主要原因。所以當我們使用「我之後再做」時，我們的大腦要如何知道我們真的想馬上做？答案是，大腦就是知道。請記得，這是理性腦用來騙過反應腦的技巧。但理性腦非常清楚自己有沒有打算採取行動。

「我只是先做……」

另一個簡化「我現在並不打算真的去寫報告，我只是先拿出檔案」句型的方法，是只用下半部，也就是「我只是先拿出檔案」。這個方法也很有效，不過以我的經驗，效果還是比不上「我現在並不打算真的去寫報告」。你可以實驗看看哪一個最適合自己。

用「肯定」來誘導

當你想做某件事時，你可以使用「否定」的說法來騙過反應腦，而當你不想做某件事時，你會發現自己可以用「肯定」的說法來誘導反應腦。

舉例來說，如果你正在節食，然後快抵擋不住「吃一塊可口的巧克力蛋糕」的衝動，這時你只要對自己說「我要去吃蛋糕」——然後別吃。由於反應腦已經相信你會吃蛋糕，於是就關起了想吃蛋糕的衝動。

這個方法或許很有效，但問題是蛋糕還在那裡。這表示你沒有消除誘惑的根源。這跟讓自己去做某件事情相反，因為行動做了就是做了。所以長遠來看，這個技巧不會永遠有效，但仍然可以幫助你。你也可以實驗看看有沒有不同的使用方法。

找回工作的節奏

我們目前討論的都是預防與克服拖延症的方法。這些技巧在多數時候可以幫助你維持步調，讓你可以完成每天的將做清單。不過，難免會碰到完全無法完成清單、一切都瀕臨崩壞邊緣的危機。

就好比我們在學騎腳踏車的時候，難免會摔下車，所以你必須知道摔了一跤之後該如何盡快回到常軌。

恢復的關鍵，是把注意力放在正確的地方。責備自己的失敗根本沒有用，除了讓你更覺得自己無能，不會帶來任何效果。你最需要聚焦的是維持工作的架構。方法就是整理隔天的將做清單。無論你這一天過得多糟糕，這都可以讓下一天不至於同樣糟糕。

如果你不為下一天制定將做清單，很可能你會開始想做什麼就做什麼。永遠不會有清單，所以你又度過了糟糕的一天。不知不覺中你就回到原點了，幾乎是一夜之間從酷米克變回了懶散喬！

要記得，是架構產生行動，而不是反過來。要讓行動回到你想要的模式，你必須不惜一切代價重建架構。你會碰到誘惑，像是等到「狀況好一點」再做。等下去，你會等到長長久久。

以下是重建工作架構的簡短步驟。只要遵循它，你很快就可以完全重新掌握工作的節奏。

- 寫下將做清單，然後開始執行。明天再繼續處理今天新增的工作。這會讓你重新掌握新工作的進度。
- 如果工作進度落後，就確認積壓工作的範圍，然後把處理積壓工作設定為當前計畫。這可以讓你重新掌握你已經有的工作。
- 進行審視程序。

  A. 我的工作效率好嗎？

  B. 我是否承攬太多工作？

  C. 我有足夠時間來完成這些工作嗎？

不使用這個審視流程，那你掙扎再多也沒有意義，因為你的工作只會變得越來越隨意。如果你發現自己其實很抗拒這套流程，那就對自己說：「我現在並不打算真的去重建系統，我只是先把新的將做清單印出來。」

測驗

你在以下這些情境會怎麼做？

1. 你的辦公桌總是很凌亂。你多次決定要改善，但從來沒有成功堅持。
2. 你試過這世上所有的時間管理系統，每次都只在一開始的一週左右有效果，然後就崩潰了。
3. 你想要導入一些更好的系統，但你需要先趕一下工作進度。
4. 你在午餐過後，總是很難再回到工作的狀態。
5. 即使做了好幾次審視程序，你還是很難在一天結束之前完成清單。你似乎只要到下午的某個時間點就會失去動力。
6. 你發現在工作量較少的日子裡，你因為少了時間壓力反而整天都在浪費時間。

☑ 答案

1. 辦公桌凌亂不一定是壞事，但如果會妨礙你工作，那就是個問題了。把「整理桌面」放到每日例行任務的清單內，應該可以停止這種問題。
2. 這表示你在基本上就缺乏架構。所以你每次從腳踏車上摔下來都沒辦法再騎上去，結果就是你會回到隨意、缺乏架構的工作模式。這一次，請把注意力放在最重要的那一點：重新列出將做清單。然後你就可以專心處理接下來的其他步驟了。
3. 你把事情的順序完全搞錯了，建立那些新系統才可以讓你站上能趕上進度的有利位置。
4. 這是缺乏架構的另一個例子，補救辦法是建立一套更強大的架構。最重要的，要替午餐設定明確的開始與結束時間。帶個計時器或鬧鐘，這樣你就可以真的執行。
5. 針對這個狀況，有幾件你可以做的事情。第一種是確保你在下午的中間有一次固定休息，而且要訂定明確的結束時間。另一種方法，是採取前面介紹的得分系統（請見本章開頭）。

6. 解決辦法是重新創造時間壓力。最簡單的作法是把當天結束工作的時間提早，比如你可以決定下午早點休息，然後確保自己遵守新的結束時間！

第 14 章
有效管理專案的方法

我不相信有人可以一直用重要性來排序，
因為這實際上是不可能的。

目前已經詳細討論了我們在一天的範圍內會碰到的各種事情。我們也介紹了當前計畫，這個方法能讓我們聚焦在當下希望推動的一件事情。我們現在需要更詳細討論如何以整體來處理專案，這裡談的不是要建立一本專案開發的手冊，而是一個人該如何掌握這些行動對自身的意義。

為了本章的主題，我要再說明一次我對專案的定義。專案，是需要超過一個工作階段才能完成的任務。依據這個定義，任何專案都可以分解成任務細項，而且有需要的話，你也可以把某項任務當成專案來處理。

只要有承擔工作責任的人，都會同時有好幾個專案在進行。對有些人來說，專案清單似乎永遠沒有盡頭。他們讓事情按照自然規律，其中一些被妥善處理，另一些則被擱置然後自生自滅。

請自己想像一下：如果每一個專案都可以執行到讓你滿意的完成度，那會如何？如果你每次接受一個新專案時，都有好好完成的信心，那又會如何？這會對你人生中的目標帶來什麼樣的改變？

如果你能以這種方式仰賴自己，你會發現專案與目標都會在你努力的過程中逐漸推進。新的機會也會出現，而你將能夠好好把握而且不用擔心讓自己失望。你將發現持續累積真實成就的意義。

兩種類型的專案

我把專案分為兩種不同類型。兩者的差異是實務上的，源自專案本身的特性，這表示兩者需要用不同的方式處理。如果你無法確定某個專案是屬於哪一類，那你可以實驗看看哪一種處理方法最適合。

我稱這兩種專案為：

1. 持續型專案
2. 組織型專案

讓我們看看這兩類專案由哪些事情組成。

持續型專案

持續型專案指的是在相當長的一段時間內、規律地重複同一類行動的專案。這些行動本身往往就是專案的重點，例子包括學習語言、練習樂器、瘦身，諸如此類。

在某些情況下，持續型專案會有一個明確的未來目標，像是讀完一本書，或是通過某個考試。但達成目標的方法仍然是在一段長時間內定期重複同一類行動。有時即使已經達成目標，行動還是會持續下去。舉例來說，你考到某個語言證照後，你可能還是需要持續學習才能維持語言程度，或是你可能想考取更高階的證照。

如同我在本書前面提過的，持續型專案並不適合放在當前計畫的位置去執行，因為它們是長期或永久性的專案，排在那個位置只會讓其他計畫無法成為當前計畫。

持續型專案本質上是重複的，所以最好的處理方法，是養成每天在固定時間執行專案的日常習慣。或者，如果它們每天只會花很少時間，你也可以放到每日例行任務的清單裡。不過，要避免把太耗時的行動放進去，不然你的例行任務清單會變得一團糟。

持續型專案會長期佔用一天內的固定時數，所以要小心，這類專案要仔細挑選並且不要承攬太多。

組織型專案

組織型專案包含一系列不同的任務，全都導向一個特定目標。在這種狀況下，專案的目標才是重點，行動則否。這類專案的例子包括籌劃新的行銷活動、撰寫出書的提案、提交新的擴張計畫、審核新的承包商等。

這些專案本質上並不是重複的，所以最好的應對方式是拆解成更小的任務。然後再把這些任務放到任務日誌中，以便提前處理。少數任務可以放在明天的頁面；更大型或更複雜的專案，則可以將任務分散到一週或更長期間去完成。

要把一項複雜專案安排在任務日誌的時候，為了讓專案在軌道上，有許多的任務都可以依據下面的形式來書寫：

- 思考……
- 討論……
- 決定……
- 規劃……

• 檢視……

每一句都可能帶來一系列的更多任務，然後可以再用任務日誌的方式來依次處理。你可能會碰到一些專案的時間太短，而無法歸類為持續型專案，或者因為本質上是重複性的，所以不適合拆解成子任務去處理。例如，「整理書架」這項任務太龐大，一天無法做完。處理這類任務的最佳方法，就是每天重複寫在任務清單，直到該專案完成為止。

專案優先順序：先做最不急的事

處理專案的順序會對你的工作方式造成深遠的影響。當然，如果沒時間好好執行，你一開始就不該承接。但無論如何，以正確的順序來安排仍然很重要。我們已經看到，最常見的兩種排序方法是依據重要性與緊急程度。說得精準一點，最常**被談到**的兩種排序方法是依據重要性與緊急程度——因為在現實世界中，安排優先順序最重要的通常就是急迫感。我們已經討論過用重要性來排序的問題（還有人蠢到繼續用這種方法嗎？），原因是那些被輕忽的「不重要」的事遲早會把你的工作搞砸。

我不相信有人可以一直用重要性來排序，因為這實際上是不可能的。其實按照緊急程度來排序更是常見，許多人或多或少都會有意識或無意識地這樣安排。

不幸的是，用緊急程度來決定該先做哪一件事，所帶來的影響非常有害。人們會傾向於**等到**事情變得緊急時才去做，結果就是生活被各種逼近的截止日期追著跑。壓力超大，工作品質變差，可靠程度也會降低，完全忽略了用「少量而頻繁」的原則來處理專案的優點。最終，這樣的人會永遠無法好好利用原先分配給一項專案的時間。不管你有一週或一個月的時間可以完成報告，總之都只會在截止日前的最後幾天匆忙完成。事實上，分配給報告的時間越短，報告還更可能準時完成——如果已經拖延了一個月，那你幾乎不可能開始寫報告了。

實際上，把事情「依照緊急程度的倒序」來排列的工作原則還更有道理。換句話說，先做**最不急的**事情。這乍看之下感覺很瘋狂，我們來看看這為什麼有道理。

人們談到某件事情有多緊急時，通常是指兩種完全不同的狀況：

1. 本來就很急迫的事情，因為這些事本身就很緊急（例如：火災時疏散整棟大樓、為下一期頭版拿到獨家報導）。

2. 因為沒有早點完成而變得急迫的事情（例如：在截止日期前才完成一直被擱置的報告）。

對大多數人來說，第二種緊急狀況的數量遠遠多過第一種。這表示，我們大多數緊急的工作之所以很急，只是因為沒有早點開始做。現在，你有沒有覺得先處理**最不急的**事的原則，聽起來比較有道理了？如果我們長期遵循這個原則，就不會讓任何事情因為拖太久而變成緊急事件。當然，遇到真正的緊急狀況還是要盡快反應，但這些事件的破壞性將大幅降低，因為已經不再有人為導致的緊急狀況了。

委派工作

若沒談到委派工作，專案的討論就不可能完整。這個主題很龐大，值得用一整本書的篇幅專門論述，所以我在此只用時間管理的角度來探討。在委派工作的領域中，一個人自己的時間管理會直接被其他人的時間管理品質所影響。

我用「委派工作」來概括你把自己負責的工作交派給其他人的狀況，無論對方是你的下屬還是員工。以這個角度來看，委派工作也可能是横向的，或甚至是向上的。

尤其在向下委派工作的狀況時，你會希望對方不只完成指派的工作，而且還要使用好的時間管理方法。委派工作時，你可能犯下的最大錯誤就是把工作拖好幾天或幾週，然後在最後一刻才當成緊急工作交給他人。這會摧毀下屬規劃工作的能力。

如果你發現自己常說「我自己做還比較快」這句話，那就表示你在委派工作方面有問題。你應該將這句話當作指標，表示你的委派技巧沒有達到應有的水準。換句話說，錯的是你，而不是你委派的人。

下面是提升委派效率的七種方法：

永遠不要拖著不做，要盡快委派給他人

把工作壓在最後一秒才交出去的人，通常有兩個主要原因。第一個原因是他們的時間管理技巧不佳，所以拖延做某個案子相關的一切事情。另一個原因是他們的委派技巧不佳，所以想要等到狀況緊急再委派給他人，藉以刺激對方行動。當然，這兩項因素往

往是同時存在。

這兩項因素都是委派者自己的錯誤。記住，你越久才把工作交出去，你對他或她的工作就造成越大的破壞。

設定死線時要留有緩衝

不要設定一個沒有任何空間的死線。一定要預留足夠的緩衝時間，以便在工作延遲時仍有餘裕去追對方進度，而不至於讓你陷入緊急。你也需要確認有留足夠的時間給自己，這樣對方把工作交回之後，你才有時間處理你該做的部分。

要求要具體

你要做的事、要何時做好一定要清楚。明確表達你希望在死線前就要完成工作。

設定「中期死線」

除了最簡單的專案，所有專案都應該要設定中期死線。研究指出，一項專案有中期死線的話，如期完成的可能性會大幅提升，也有助於提升工作成果的品質。

在給出中期死線的時候，你應該要很具體地說明這個時間點該完成的進度。不要用模糊的說法，像是「一週後我們再回來看看你做到哪裡」。請給出明確指示，像是「請你提出第一階段的詳細計畫，我們下週的同一時間開會討論」。

死線前提醒

在中期或是最後死線的前一天左右，提醒對方你希望在死線前能回報完成。你可以用任務日誌來記錄提醒。找個合適的時間點提醒某人死線快到了，這真的很需要技巧。你會希望接近死線時再提醒，這樣對方就沒有藉口可以忘記，但你也會希望早點提醒，這樣如果對方什麼都沒做的話，還有時間可以去補救。在大多數的狀況，提早一天或是兩天提醒就夠了。重要的是讓對方知道，你並沒有忘記死線的時間！

立即跟進

對方若是錯過了死線，那你必須馬上跟進。他們沒收到你的任何反應，只會覺得這件事不重要。同樣地，請使用任務日誌來提醒自己在正確的日期確認工作回報狀況。

不要聽藉口

明確表示，你對於錯過死線的原因並沒有興趣。你只想知道工作何時可以完成。要聚焦在這一點，請他們給一個新的完成日，然後要求對方遵守。

測驗

你會如何處理以下狀況？

1. 你想要瘦身，於是決定開始騎自行車。
2. 你被要求起草「重新規劃收發室」的提案。管理委員會會在七月的會議上評估你的提案。現在是一月。
3. 你剛參加完採購委員會的月會。你同意與一些部門的主管簡單討論一下他們的需求，然後在下次委員會的會議上彙報。
4. 參加下一次的協調委員會會議的日子近了。你拿出上一次會議記錄，驚恐地發現你答應要檢查前一份會議記錄的第六部分、第24段、第6A小段、第iic項的進度，然後把看法報告給委員會。你完全忘記這件事了。

5. 你受夠了發票總是很晚才寄出，你決定有空的時候再好好解決。

6. 你的其中一位客務經理告訴你，她一直找不出時間來研究標準的產品服務合約。她原本應該要今天向你報告。

7. 恭喜你！你跟一家出版商簽下出版第一本小說的合約。交出完整書稿的死線是在八個月後。

8. 你發現你的線上付款系統已經過時了，很快就需要全面改版。

☑ 答案

1. 這是一項持續型專案，會需要安排在特定的幾天進行。你可能不希望每天都執行，可能一週三次就夠了。請擬定時間表並嚴格執行。你越能嚴格遵守你所訂下的時間，就越能夠建立習慣。同時有太多的持續型專案而無法應付，是你需要小心避免的錯誤。

2. 你有六個月來處理一項根本不需要那麼多時間的任務——這就是危險之處。這類專案很容易被擱置，直到變得很急。請記得，規則是「先做最不急的事」，並立刻就去做。等到七月時，你會非常慶幸自己早就做好了。

3. 你有一個月的時間可以和不同人「簡單討論一下」。這項任務很容易會被擱置，因為看起來並不緊急。結果很可能是你會在最後一刻才匆忙處理。又是使用「先做最不急的事」的原則的另一個例子。

4. 你是不是覺得自己該早點知道「先做最不急的事」這項原則？事到如今，你只能對沒做這件事向委員會道歉了。既然你現在知道了這個原則，以後記得要好好利用它！

5. 你說「有空的時候再……」是什麼意思？你心知肚明這表示永遠不會去做。這個專案很適合作為當前計畫來執行。我建議你把適合作為當前計畫的事情都列在一份清單裡，然後逐一完成。

6. 明確表示你沒興趣知道她延遲的原因。提醒她延遲的後果，並問她什麼時候能夠向你報告。然後明確表示你希望她這次能遵守時間。

7. 八個月聽起來很久，但別被騙了，現在開始寫吧！記得：**先做最不急的事！**

8. 大略的原則如下：

- 面對有死線的專案，應該使用「先做最不急的事」的原則。
- 沒有任何死線的專案，可以當作是當前計畫時段的候選項目。

由於這個專案只有一個模糊的時間目標：「很快就需要」，所以最好視為當前計畫來處理，讓事情開始動起來。

第 15 章

重整日常工作系統

花在系統的時間很少會是浪費，
甚至可能帶來幾千倍的回報。

我們已經討論了用或不用某些系統，將會如何有益或有害我們的工作。其中最重要的系統，當然是個人用於處理工作的系統——這正是本書的其他章節一直在討論的主題。在這一章，我想簡單介紹其他有益於工作的常見系統。

工作出問題的時候，你永遠都該檢視一下你正在使用的系統。以下是一個處理電子郵件的典型系統，成千上萬的人都在用：「只要收到一封新的電子郵件，我就停下手邊的事、去查看郵件。然後我可能會立即處理，不然就是之後再處理。」

有另一個人會這樣描述他的系統：「我會在一天之中，每隔一段時間檢查電子郵件，看看是否有需要立即回覆的郵件。沒有的話，就都留到隔天再處理，到時候我可以一次處理完。」

這兩套系統會導致怎樣的結果？請注意，兩者的差異是微乎其微。在這兩種情境下，他們都有查看新的電子郵件，有些會先處理，有些則沒有處理。主要差異是，這些行動是否有明確的定義。在第一套系統中，並沒有定義哪些郵件會立即處理、哪些不會，剩下的也沒有明確的處理時間。在第二套系統中，每一封電子郵件處理的時間都有明確的定義。

檢視這兩套系統可能的結果，你會看到第一套系統會導致工作一直被打斷，並且很可能會造成積壓工作。第二套系統會大大減少干擾，並且在一天之內清掉所有的電子郵件。第二套系統也可能效率更好，因為是集中處理郵件，而不是隨意處理。

這兩套處理電子郵件的系統乍看並沒有太大差異，但結果卻有很大的落差。我們做事方式的細微改變就會帶來巨大影響，這就是其中一例。另一個例子是以下兩種行動的差異：開完會，回辦公室後就把公事包丟到一旁；開完會，回辦公室後先把公事包的資料清出來，放到收件籃。第一種情況，你讓公事包變成一個移動垃圾桶，裡面堆滿了沒有行動的文件。第二種情況，你讓公事包內的文件都能快速且有效率地被處理。

良好的系統不只是關乎個人的方便性或效率，還會決定企業的成敗。有許多的企業都是因為發票系統或信用管理系統的問題而倒閉。有更多企業是表現遠遠不如預期，因為它們沒有建立良好的客戶關係管理系統。

不過，我在本書的目的不是要教你建立良好的企業系統，而是要看看一些有益於你個人日常工作的系統。我也會特別討論在家工作，以及經常出差的狀況。就算你不完全符合這些狀況，但接下來的內容很可能依舊適用。所有的狀況都需要建立一套架構，能支持你去達成你想做的事。這個原則值得記下來：只要你有正確的架構，你的行動也往往會是正確的。

在家工作

我們來看看在家工作者的特殊狀況。首先會注意到的是，他們往往缺乏了一個支持性的架構。他們沒有被同事跟夥伴包圍的那種辦公室架構。

如果你在一個大辦公室裡工作，你身邊會圍繞著其他工作者，而且你會有一位老闆或多或少控制你。你會有一套既定的工作模式，幫助你維持紀律。你通常每天都會在同一時間開始工作；你通常會和家裡的事情保持距離；你多少會有清楚的大小目標；會有其他人給你死線，然後強制要求你遵守。

除此之外，你的辦公室還會有一群負責處理付款、帳目、行銷、人力資源、退休金、保險、衛生與安全、法律、設計等事務的各領域專業人士。你可以單純只做你自己的工作，因為你知道有人會負責處理所有其他的領域。

但如果你是自己經營一個小事業然後在家工作，那你就不會有這些資源。一切都是你肩上的責任。

沒有人給你框架，也不會有人交辦給你任務，或要求你要在死線前完成工作。你也沒有任何協力部門，一切都要自己來。

我不想把這種工作方式說得太黯淡，因為在家工作其實有很大的優勢。我自己也是選擇在家工作，而且這種生活已經持續了二十年。但這確實需要經過思考與規劃，才能讓一套良好的架構維持運作。

第一個要檢視的地方，是你的工作時間。如果你難以區分工作與生活，那你最好在心裡設定清楚的工作時間、休息時間。給你自己設定一個明確的工時，就像在辦公室那樣。最好抱持這個原則：**在工作時，除了工作什麼都不做，在非工作時，除了工作之外的都做**。

你只需要清楚定義工作的時間範圍，具體的時數並不重要。在家工作的好處之一，就是你可以自行決定工作時間。從凌晨兩點工作到早上十點、剩餘的時間全都休息也無所謂，沒人會阻止你（你自己住的話當然）。重要的是，你自己心裡清楚知道何時該工作、何時該休息。

定義好工作時間之後，你也需要清楚傳達給生活中的其他人，這樣才能維護這些時間範圍。在家工作的問題之一，就是其他人可能會期望你在工作時也要處理家中的事。你要對這件事設定明確的界限，並且嚴格遵守。

思考這個問題的最好方法，就是退後一步，想像一下你有個老闆——而這個老闆就是你！身為自己的老闆，你會告訴自己工作條件、幾點開始又幾點結束、休息時間是何時、工作的時候是否可以講私人電話、休假津貼是多少，諸如此類。身為你的老闆，你還需要定義你的工作內容，並且分派任務、訂定死線。而且要像個老闆一樣，嚴格要求自己維持這些紀律。

歸檔

在家工作的人有一個和上班族差異很大的系統，也就是紙張和文件歸檔的方式。以下是一個好的歸檔系統：

- 你無論何時都能很快拿到你在找的東西
- 你無論何時都能很快找出你不需要的東西
- 你總是知道要把東西放在哪裡，無需多加思考

大多數歸檔系統都做不到，通常都太僵固，讓你很難找到當下需要的東西。所以你老是會把東西放在可以很快拿到的地方，也就是歸檔系統之外的任何地方。很多歸檔系

統都不直觀，讓你很難找到近期沒有使用的資料。結果，你不得不浪費時間找東西。也有許多系統需要大量的心力來維護，所以未歸檔的東西會越堆越多，因為正確歸檔太浪費力氣了。

這類問題導致許多人最後都有兩套歸檔系統。他們有一個「官方」的系統，也就是應該要把東西歸檔的地方，但他們沒這樣做，因為這太累人了。然後他們會有一個「非官方」的系統，裡面堆滿了各種紙跟資料夾，一點順序都沒有。

有些系統不太可能有好成果，這又是一例。運作不善的歸檔系統真的會拖垮你的工作效率。看看方框裡的建議，打造更好的系統！

快速找到東西

有個小技巧可以幫助你更快找出常用文件。如果你的文件是以主題或英文字母順序來排列，那你或許會發現自己要費一番工夫才能找到。我就體會過。首先我要先回想起文件的名稱，然後找出它應該在的正確位置。可是我常常看到文件不在該在的位置，而不知為何移到了錯誤位置。要收好文件的時候也會碰到一樣的問題——我必須先思考，才知道該如何處理這份文件。

反之，你有沒有發現要在瀏覽器上面找出網址多麼容易？因為最後造訪的網址會排在最上面。這顯然是找出常用的某個東西最快的方法，因為我們的大腦非常擅長於記住是多久之前最後一次使用某個東西。

用同樣的方法來處理文件容易多了。以我個人而言，我沒有使用檔案櫃，而是把所有文件都放在有金屬拉桿的活頁夾裡面，然後排在書架上。只要我使用過文件，就會放回到頂層書架的最左側。我會挪動其他活頁夾來留出空間。也就是說，所有的活頁夾都是按照我最後使用的時間順序排列，結果是：我可以立即就拿到我最常用的每一份文件。另一個優點是，我用完一份文件之後也不需思考要放在哪裡。永遠都是放到同樣的位置——也就是頂層書架的最左側。

我發現這套系統在整理文件時非常有效，所以我現在也用來整理書籍。我再也不會找不到我正在看的書了。我知道到底該把書放在哪裡，這樣下次就可以再找到它們。我也可以明確看出我上次何時翻了某一本書。這是一套很簡單的系統，但很有效！

歸檔成功！

辦公室總是變成一團亂的最主要原因之一，就是我們根本不知道要如何處理生活中那些出現一半的東西。不知道如何處理，所以喜歡先放在某處，等「之後」再處理。結果就是，到處都有成堆的未分類文件，以及一堆積壓工作。

其中一種能讓我們知道該如何處理這些事情的最重要方法，就是找一套操作簡單又很好更新的歸檔系統。不幸的是，大多數人（尤其是小企業老闆）都在嘗試用那些無益於他們的歸檔系統。要記得：我們總是傾向走阻力最小的路。如果歸檔系統難用又繁瑣，那我們就會漸漸避免使用它，這又會讓它跟不上進度，然後進一步讓問題惡化。另一方面，如果我們用的是很快速、符合直覺，而且進度最新的歸檔系統，那用比不用簡單太多了。好消息是，你明天就可以有一套快速、直覺，而且進度最新的歸檔系統。方法如下。

第一步是出門去買足夠的金屬桿活頁夾，然後在書架上清出一個放得下的空間。趕快忘記其他的文件夾、活頁夾、吊夾之類的所有東西吧。把金屬桿活頁夾放在書架上就是最好的歸檔方法。它們直立放著、不會倒下，而且移動方便，在裡面放置或抽取文件都很簡單。更棒的是，你可以使用「隔頁」來將內容物做區分。你可以把不想要打洞的文件放入透明的塑膠套再歸檔。如果是收據這種很小的紙張，我會先釘在比較大張的紙上再歸檔。

你要怎麼現在就建立一套資料最新的歸檔系統？很簡單。請宣布你的舊歸檔系統作廢然後重新開始，需要的話就拆開幾個新活頁夾。每次收到新文件，你就打開新的活頁夾，或是放到已經在用的其中一本裡。按照前文的建議，把使用過的檔案夾放到書架頂層最左側。有了金屬桿活頁夾，為了排序而移動文件都很容易。這樣做的話就會有一套資料最新且有用的歸檔系統，而且永遠都能拿到你最常用的文件。

帳目

以一個人在家經營自己的事業來說，以每天為單位來處理記帳這種工作是最簡單的。這表示你每天只要花一點點心力，就可以完全掌握公司的財務狀況，加值營業稅與納稅申報都可以在干擾最少的狀況下完成。

無論公司規模多大，你都需要能立即取得最新的財務資訊。如果你用的系統沒辦法做到，那就表示需要重新設計，直到這個問題解決。如果你只能透過結算之後會花幾週、幾個月才出爐的季度報表或（更糟的）年度報表，你根本沒辦法做財務控管。

通訊錄

良好的聯繫是經營小型事業的關鍵，但有太多在家自營事業的人都沒有好好維護通訊錄與聯絡資訊。原則是，每次聯絡某人都要同時確認此人的資料是否正確。

請記住，通訊錄過時的話也會變成一種積壓，這時就要按照積壓工作的清除流程。請先設置能正確記錄新聯絡人的系統，然後再來思考如何更新舊的資訊。就算你沒時間去處理舊資訊，但你會發現正確的系統可以讓你在極短的時間擁有新的通訊錄，包含了所有你需要的聯絡人資訊。

差旅

有些人的工作需要頻繁出差，而有些人的工作地點則不是單一。如果這是你的狀況，那你心裡必須清楚知道你在不同的地方應該做什麼樣的工作。通常會發生的狀況是，你缺乏計畫所以把工作的東西都帶著到處跑。這會讓你在不同的工作地點之間缺乏明確的界線，也讓你對於自己的目標缺乏清楚的認識。比較好的做法，是把你預計做的事情列成一份詳細清單，然後只帶必要的文件。這會比把想到的東西都丟到包包裡、然後以為自己能趕上進度要好得多。

我們在這裡只是簡要地討論，說明花一點點心思設置正確的系統，就可以對你的工作方式產生巨大影響。你花在系統上面的時間很少會是浪費，往往會為你帶來成千上萬倍的回報。

測驗

以下哪些是工作系統故障的例子？

1. 你在家裡工作。你的另一半一直打斷你工作，一下要你做家事，一下要你幫忙顧小孩。
2. 你把工作時會用到的文具都放在辦公桌最上層的抽屜，這是你直接就可以拿到的位置。
3. 你發現很難要求客戶盡快付款。客戶公司的規模越大，付款的時間就越長，而且催款也越難。
4. 你辦公室裡的植物都因為缺水而枯萎了。
5. 你經常用臨時的檔案夾來處理新的專案，裡面用來放你的草稿、筆記、常用文件等。你也常常把所有文件都放到一個文件信封袋內，而且不用迴紋針分別夾起來，因為你想在需要時能取出每一張文件。
6. 每次都是你要泡咖啡給客戶喝的時候，才發現辦公室冰箱內的牛奶又沒了。

☑答案

1. 這不是真正的系統故障，而是界限的問題。然而，這還是要用老方式解決。你們要花些時間坐下來談，找出大家都能接受的解決方案。
2. 這不是系統故障，而是系統運作良好的例子。
3. 這不只是一個系統故障，而是有兩套系統故障。第一套是承接客戶並與客戶達成協議的系統。第二套是追蹤未付發票的系統。第一套系統如果設置得正確，第二套也會更有效率，但是這兩套都需要關心。絕對別忽略這個問題——很多小型企業都因此而破產了。
4. 這顯然是系統故障。誰該負責，以及這件事該如何處理、何時處理，都應該有明確的定義，而且過程要好好監督。
5. 這樣隨意使用檔案夾，會導致它們通常最後埋在桌上某堆東西的下方。把你的草稿等文件歸檔到適當的檔案夾比較有效率，有需要的話就開一個新的。使用我在本章所介紹的金屬桿活頁夾歸檔系統，你就能更快找到東西。
6. 請參考第4題的答案。

第 16 章

結論：理想生活的目標

很少有事情會急到不能明天再做。

這本書的目的是要讓你變得百分之百有創造力、有秩序與高效率，現在是否有達成這個目標呢？讓我們再試試你在第3章做過的測驗。

- 從一到十分之中，請為你的創造力打分＿＿＿＿
- 從一到十分之中，請為你的秩序打分＿＿＿＿
- 把這兩個分數相乘，得出你的效率程度是＿＿＿＿%

如果你的分數不如期望，請在下方的清單勾選符合你狀況的敘述。

□我每天都會寫將做清單。

□我每天都盡力完成我的將做清單。

□就算不在清單上，我做了任何其他事都會寫下來。

□如果我連續三天都沒有完成將做清單，我會開始審視工作，看看是工作太多、沒有效率，還是保留給工作的時間不夠。

□我會把電子郵件存起來，隔天整批一起處理。

□我會把文件收集起來，隔天整批一起處理。
□我會把語音訊息留著，隔天整批一起處理。
□我會把任務收集好，隔天整批一起處理。
□我有一本任務日誌，用來寫下隔天或之後要做的任務。
□我每天的將做清單上，第一項都是我的當前計畫。
□我有一份當前計畫的清單，內容依照我預計處理的順序列出。

如果還有你沒打勾的項目，那你就應該把注意力放在那裡。祝你好運！

一起來　0ZTK0058

重要事，明天做

Do It Tomorrow and Other Secrets of Time Management

作　　　者　馬克・佛斯特 Mark Forster
譯　　　者　曾琳之
主　　　編　林子揚
編　　　輯　張展瑜
編 輯 協 力　鍾昀珊

總　編　輯　陳旭華 steve@bookrep.com.tw
出 版 單 位　一起來出版／遠足文化事業股份有限公司
發　　　行　遠足文化事業股份有限公司（讀書共和國出版集團）
　　　　　　231 新北市新店區民權路 108-2 號 9 樓
電　　　話　02-22181417
法 律 顧 問　華洋法律事務所　蘇文生律師

封 面 設 計　江孟達
內 頁 排 版　新鑫電腦排版工作室
印　　　製　通南彩色印刷股份有限公司
初 版 一 刷　2025 年 2 月
定　　　價　420 元
I　S　B　N　978-626-7577-17-2（平裝）
　　　　　　978-626-7577-16-5（EPUB）
　　　　　　978-626-7577-15-8（PDF）

國家圖書館出版品預行編目（CIP）資料

重要事，明天做 / 馬克・佛斯特（Mark Forster）著 ; 曾琳之 譯 . -- 初版 . -- 新北市 : 一起來出版 , 遠足文化事業股份有限公司 , 2025.02
272 面 ; 14.8×21 公分 . -- (一起來 ; 0ZTK0058)
譯自：Do it tomorrow and other secrets of time management

ISBN 978-626-7577-17-2（平裝）

1. CST: 時間管理　2.CST: 工作效率

494.01　　113017898